Typen
kompass

Eberhard Kittler

DDR-Personenwagen

1945–1990

mit allen Ost-Fahrzeugen der Nachwende-Zeit

Motor
buch
Verlag

Einbandgestaltung Dos Luis Santos

Durch Informationen und Fotos entscheidend am Zustandekommen dieses Typenkompass beigetragen haben:
Dr. Michael Dünnebier, Dresden
Franz Gros, Ellrich
Horst Ihling, Eisenach
Otto Künnecke, Störy
Frau Lüdecke (Thyssen-Krupp-Drauz), Hohenstein-Ernstthal
Werner Pfau, Hohenstein-Ernstthal
Michael Schubert, Siebenlehn
Thomas Starck, Berlin
Dr. Dirk Steffens, Berlin
Michael Stück, Eisenach.
Ihnen und allen anderen Mitarbeitern sowie den Automobilmuseen in Eisenach, Zwickau, Dresden, Speyer und Störy herzlichen Dank!

ISBN: 978-3-613-02784-8

2. Auflage 2009

Sie finden uns im Internet unter
www.motorbuch-verlag.de

Lektorat: Joachim Kuch
Innengestaltung: Bernd Peter
Reproduktionen: digi Bild reinhardt, 73037 Göppingen
Druck und Bindung: Kessler Druck und Medien, 86399 Bobingen
Printed in Germany

Inhalt

Einleitung

Die 1990 verflossene DDR hatte nur zwei große Pkw-Hersteller aufzuweisen: das Automobilwerk Zwickau (AWZ) und das Automobilwerk Eisenach (AWE). AWZ nutzte die Fabrikanlagen von Audi, Horch und DKW, in denen vor dem Zweiten Weltkrieg sowohl die kleinen Frontantriebs-Zweitakter als auch Acht-, Zwölf- und sogar Sechszehnzylinder-Wagen gefertigt wurden. Und AWE war vor 1945 schlicht und einfach Sitz der BMW-Automobilfertigung. Dazu kamen im Inland diverse Zulieferer und einige kleine Privatfirmen wie Melkus in Dresden und Schwarze in Görlitz, die in überschaubarer Zahl Autos bauten.

Die beiden großen Hersteller in Sachsen und Thüringen hatten einen denkbar schlechten Beginn. Ihre Werke waren nicht nur erheblich im Krieg beschädigt worden, sondern wurden darüber hinaus im Rahmen der Reparationen in die Sowjetunion fast gänzlich demontiert. Weil aber die Russen andererseits Interesse an deutschen Autos hatten, konnte in beiden Werken die Produktion wieder anlaufen. Nun allerdings lagen die meisten Zuliefererfirmen in den Westzonen: Improvisation und Materialbeschaffung auf abenteuerliche Art und Weise waren an der Tagesordnung.
Verständlich, dass AWZ und AWE nicht an Neukonstruktionen denken konnten, sondern Vorkriegsmodelle so weit wie möglich modifizierten. Dennoch wurde Mitte der fünfziger Jahre eine erstaunliche Typenvielfalt erreicht, die vom kleinen Zweizylinder-Zweitakter bis

Der Blick durchs karg bestückte Schaufenster des Fahrzeugladens in Löbau/Sachsen weckte Begehrlichkeiten (1982)

zum Sechszylinder-Benziner reichte. Die regierungsamtliche Entscheidung, künftig nur noch zwei- und dreizylindrige Zweitakter zu bauen, machte alle Hoffnungen und Ambitionen der Techniker zunichte. Viele wechselten in den westlichen Teil Deutschlands, andere resignierten.
Nicht zuletzt durch den Mauerbau wurde die DDR zum abgeschlossenen System, die hier hergestellten Autos blieben – mangels echter Konkurrenz – immer wieder aufgewärmte Abwandlungen des Vorkriegs-DKW-Konzeptes. Innen und außen stets nur marginal weiterentwickelt, liefen Wartburg und Trabant fast drei Jahrzehnte vom Band – bis zuletzt bei Lieferzeiten von deutlich über zehn Jahren.
Bei AWZ entstanden bis zum Ende der DDR knapp 3,2 Millionen Autos; AWE baute über 1,7 Millionen. Die Produktionsanlagen wurden zum großen Teil nie erneuert, die Bausubstanz war erbarmungslos heruntergewirtschaftet worden.
Dennoch entstanden immer wieder Designmuster, Prototypen und Unikate, mit denen engagierte Automobilbauer eine Änderung herbeizuführen hofften. Beispielsweise war es nur dem handstreichartigen Vorpreschen von Eisenacher Ingenieuren zu verdanken, daß der Wartburg 311 überhaupt den F9 ablösen durfte. Ähnliches wurde auch später häufig versucht. Als allerdings die Techniker in den sechziger Jahren daran scheiterten, die für

Vor allem Trabant-Limousinen aller Baujahre bestimmten das Straßenbild in der DDR, wie hier vor einem typischen Wohnblock in Dresden (1990)

einen Millionenbetrag erworbene Wankel-Kreiskolben-Technologie umzusetzen, drehte die Staatsführung den Geldhahn zu.
Nur ein Teil der Versuchsmuster ist überhaupt bekannt geworden, technische Informationen darüber sind kaum erhalten. Dem Autor war es gerade deshalb ein Anliegen, diese Fahrzeuge hier in Wort und Bild zu präsentieren – auch wenn eine Gewähr für die Richtigkeit der Angaben nicht in jedem Fall gegeben werden kann. Vollständigkeit ist aus den vorgenannten Gründen ohnehin nicht möglich und hätte überdies den hier gegebenen Rahmen gesprengt.
Inzwischen werden in Mosel bei Zwickau, in Eisenach und ab 2001 auch in Dresden wieder Autos gebaut, wenn auch nicht mehr unter eigenem Markennamen. Volkswagen – dank seiner Tochter Audi quasi Rechtsnachfolger der früheren Auto Union –

Trabant und Wartburg auf Halde in einem IFA-Auslieferungslager Mitte 1990 (links). Der letztgebaute Trabant steht im Zwickauer Automobilmuseum (oben rechts). Ansonsten wurde brutal verschrottet – was die übriggebliebenen Trabant letztlich zu Klassikern machte: Von über 900.000 gemeldeten Fahrzeugen (1993) ging die Zahl bis 2007 auf 52.000 zurück

und Opel unterhalten in den Neuen Bundesländern höchst erfolgreiche Zweigwerke. BMW sah keine Verpflichtung darin, am traditionellem Standort Eisenach wieder Autos zu bauen, stellt aber dort zumindest Werkzeuge und Teile her. Und dass in Dresden, wo einst der renommierte Karossier Gläser zuhause war, der Luxus-VW entsteht, ist für die ortsansässigen Spezialisten eine späte Genugtuung.

TRABANT
LEGENDE AUF RÄDERN
Trabant 1.1
letzter Trabant
"Trabant – eine Legende"
Technische Daten:

IFA DKW

Die ab 1931 in Zwickau produzierten DKW-Front- wie auch die folgenden Reichs- und Meisterklasse-Modelle vom Typ F2 bis F8 waren ein großer Erfolg. Von 1931 bis 1942 wurde der DKW F8 rund 50.000 mal gebaut. 1949 lief die die Produktion des fast unveränderten F8 in der Meisterklasse-Version wieder an. Im Gegensatz zur alten Reichsklasse mit 600 ccm hatte sie den stärkeren 700 ccm-Zweizylindermotor. In der DDR wurde nur der Zweitürer gebaut, mit kunstlederbezogener Sperrholzkarosserie (von der früheren Firma Gläser, Dresden) auf einem soliden Kastenprofil-Rahmen. Ab 1953 wurden die Motorhauben aus Kunststoff gefertigt. Preis der über 20.000 mal gebauten Limousine: 8415 Mark.

Baureihe:	IFA DKW
Modell:	F8 Limousine
Bauzeit:	1949–1955
Motor:	2 Zyl. Reihe
Ventilsteuerung:	keine (Zweitakter)
Hubraum:	684 ccm
B x H:	76 x 76 mm
Leistung:	15 kW (20 PS) bei 2500/min
Antrieb:	Vorderräder
Gemischaufb.:	1 Flachstromvergaser BVF 30
Getriebe:	3-Gang-Schaltgetriebe
Bremsen:	Trommeln
Höchstgeschw.:	90 km/h
Leergewicht:	800 kg
Reifen:	5.00-16
Radstand:	2600 mm
Spur v/h:	1190/1250 mm
L x B x H:	4000 x 1480 x 1480 mm
Anmerkungen:	Sperrholzkarosserie, 2türig

IFA DKW

Parallel zur F8 Limousine, aber nur in geringer Stückzahl, wurde für 8695 Mark eine viersitzige Cabrio-Limousine angeboten, die vor allem in den Export ging.
Der Reiz dieser aus der Vorkriegszeit stammenden Aufbauart mit feststehenden Seitenstegen über den Fenstern und gänzlich zurückrollbarem Dach lag in ihrer Vielfalt: Die Cabrio-Limousine ließ sich als konventionelle (und damit wetterfester) Limousine, aber auch als verspieltes Freizeitmobil mit viel Himmel über den Köpfen nutzen.
Heute würde wahrscheinlich ein großes Schiebedach diesen Anspruch erfüllen – aber gerade in der Nachkriegszeit mit all ihren Materialengpässen war daran nicht zu denken.

Baureihe:	IFA DKW
Modell:	F8 Cabrio-Limousine
Bauzeit:	1949–1953
Motor:	2 Zyl. Reihe
Ventilsteuerung:	keine (Zweitakter)
Hubraum:	684 ccm
B x H:	76 x 76 mm
Leistung:	15 kW (20 PS) bei 2500/min
Antrieb:	Vorderräder
Gemischaufb.:	1 Flachstromvergaser BVF 30
Getriebe:	3-Gang-Schaltgetriebe
Bremsen:	Trommeln
Höchstgeschw.:	90 km/h
Leergewicht:	820 kg
Reifen:	5.00-16
Radstand:	2600 mm
Spur v/h:	1190/1250 mm
L x B x H:	4000 x 1480 x 1480 mm
Anmerkungen:	Sperrholzkarosserie, 2türig

IFA DKW

Kombiwagen waren vor dem Zweiten Weltkrieg in Deutschland eher selten. Einige wenige Liefer- und Pritschenfahrzeuge des F8 in einfacherer Reichsklasse-Ausführung wurden gebaut.
Erst 1950 begann der VEB Audi in Zwickau mit der Produktion des dreitürigen Kombis. Der Aufbau – im hinteren Teil aus massivem Holz, bis zur B-Säule kunstlederbezogenes Sperrholz – kam vom Karosseriewerk Meerane. Mit seinem Preis von 9400 Mark lag der Kombi einen Tausender über der Limousine.

Baureihe:	IFA DKW
Modell:	F8 Kombi
Bauzeit:	1950–1955
Motor:	2 Zyl. Reihe
Ventilsteuerung:	keine (Zweitakter)
Hubraum:	684 ccm
B x H:	76 x 76 mm
Leistung:	15 kW (20 PS) bei 2500/min
Antrieb:	Vorderräder
Gemischaufb.:	1 Flachstromvergaser BVF 30
Getriebe:	3-Gang-Schaltgetriebe
Bremsen:	Trommeln
Höchstgeschw.:	85 km/h
Leergewicht:	820 kg
Reifen:	5.00-16
Radstand:	2600 mm
Spur v/h:	1190/1250 mm
L x B x H:	4020 x 1480 x 1500 mm
Anmerkungen:	Holzkarosserie, 3türig

IFA DKW

Das bereits vor dem Krieg gefertigte viersitzige Cabriolet mit Stahlaufbau kam damals entweder von Karosserie Baur in Stuttgart oder von den Horch-Werken Zwickau. F5-, F7- und F8-Cabrios mit zwei und vier Sitzplätzen wurden insgesamt 30.000 mal gebaut.
Die stählernen Cabrio-Aufbauten der Nachkriegsversion des F8 entstanden beim VEB Karosseriewerke Dresden (vormals Gläser).
In nur sehr geringer Stückzahl gefertigt, kostete das noble viersitzige Cabriolet 11.325 Mark. Seine Käufer fand es wiederum zum überwiegenden Teil in den westlichen Exportländern.

Baureihe:	IFA DKW
Modell:	F8 Luxus-Cabriolet
Bauzeit:	1949–1955
Motor:	2 Zyl. Reihe
Ventilsteuerung:	keine (Zweitakter)
Hubraum:	684 ccm
B x H:	76 x 76 mm
Leistung:	15 kW (20 PS) bei 2500/min
Antrieb:	Vorderräder
Gemischaufb.:	1 Flachstromvergaser BVF 30
Getriebe:	3-Gang-Schaltgetriebe
Bremsen:	Trommeln
Höchstgeschw.:	90 km/h
Leergewicht:	830 kg
Reifen:	5.00-16
Radstand:	2600 mm
Spur v/h:	1190/1250 mm
L x B x H:	4000 x 1480 x 1460 mm
Anmerkungen:	Stahlkarosserie, freistehende Scheinwerfer, 2türig

IFA DKW

Im Rahmen eines Interzonen-Handelsabkommens kamen insgesamt 1000 ostdeutsche F8 in die Bundesrepublik Deutschland. Ein Teil davon waren handelsübliche Limousinen, die für 4900 D-Mark zu haben waren. Der andere Teil der Lieferung bestand aus Fahrgestellen, die beim Stuttgarter Karossier Baur mit modernen Aufbauten versehen wurden.
Die Schwaben setzten eine schnittige, viersitzige Cabrio-Karosserie mit geändertem Grill und integrierten Scheinwerfern auf den Kastenprofil-Rahmen. Der Kofferraum ließ sich von außen beladen. Das sorgfältig gearbeitete Verdeck war eine der Spezialitäten des alteingesessenen Unternehmens. 6490 D-Mark kostete das nur rund 100 mal gefertigte Baur-Cabrio.

Baureihe:	IFA DKW
Modell:	F8 Baur-Cabriolet
Bauzeit:	1950–1951
Motor:	2 Zyl. Reihe
Ventilsteuerung:	keine (Zweitakter)
Hubraum:	684 ccm
B x H:	76 x 76 mm
Leistung:	15 kW (20 PS) bei 2500/min
Antrieb:	Vorderräder
Gemischaufb.:	1 Flachstromvergaser BVF 30
Getriebe:	3-Gang-Schaltgetriebe
Bremsen:	Trommeln
Höchstgeschw.:	90 km/h
Leergewicht:	830 kg
Reifen:	5.00-16
Radstand:	2600 mm
Spur v/h:	1190/1250 mm
L x B x H:	4000 x 1480 x 1450 mm
Anmerkungen:	Stahlkarosserie, integrierte Scheinwerfer, 2türig

IFA DKW

Neben den F8 Cabriolets fertigte Baur weitere 150 Limousinen auf Basis des ostdeutschen DKW. Auch bei diesem viersitzigen Auto bestand der Aufbau aus Stahlblech. Eine viertürige F8-Version bauten die Stuttgarter nicht. Sie änderten auch nichts an der technischen Auslegung des 700 ccm-Fahrzeugs. Die geschlossene und nur in Westeuropa angebotene Baur-Ausführung kostete 5740 D-Mark.

Baureihe:	IFA DKW
Modell:	F8 Baur-Limousine
Bauzeit:	1950–1951
Motor:	2 Zyl. Reihe
Ventilsteuerung:	keine (Zweitakter)
Hubraum:	684 ccm
B x H:	76 x 76 mm
Leistung:	15 kW (20 PS) bei 2500/min
Antrieb:	Vorderräder
Gemischaufb.:	1 Flachstromvergaser BVF 30
Getriebe:	3-Gang-Schaltgetriebe
Bremsen:	Trommeln
Höchstgeschw.:	90 km/h
Leergewicht:	840 kg
Reifen:	5.00-16
Radstand:	2600 mm
Spur v/h:	1190/1250 mm
L x B x H:	4010 x 1480 x 1480 mm
Anmerkungen:	Stahlkarosserie, integrierte Scheinwerfer, 2türig

IFA DKW

Ebenfalls aus Dresden stammten die Aufbauten für das Cabrio in Sonderausführung. Deutlich moderner als die bekannte Offen-Version geschnitten, verfügte das Fahrzeug über einen vollkommen neuen Grill, integrierte Scheinwerfer, anders angeordnete seitliche Entlüftungsschlitze und weitgeschwungene vordere Kotflügel. Die Frontscheibe war aus Stabilitätsgründen zweigeteilt, die Scheibenwischer wurden erstmals unten plaziert.
Die Leistung des Cabrios blieb indes unverändert bei 20 PS. Mit seinem exorbitanten Preis von 13.420 Mark lag der noble Zweitakter nur 4500 Mark unter dem des viertaktenden EMW 327, den derweil die Eisenacher Automobilbauer anboten.

Baureihe:	IFA DKW
Modell:	F8 Export-Cabriolet
Bauzeit:	1953–1957
Motor:	2 Zyl. Reihe
Ventilsteuerung:	keine (Zweitakter)
Hubraum:	684 ccm
B x H:	76 x 76 mm
Leistung:	15 kW (20 PS) bei 2500/min
Antrieb:	Vorderräder
Gemischaufb.:	1 Flachstromvergaser BVF 30
Getriebe:	3-Gang-Schaltgetriebe
Bremsen:	Trommeln
Höchstgeschw.:	90 km/h
Leergewicht:	830 kg
Reifen:	5.00-16
Radstand:	2600 mm
Spur v/h:	1190/1250 mm
L x B x H:	4020 x 1480 x 1460 mm
Anmerkungen:	Stahlkarosserie, 2türig

IFA DKW

1940 zeigte DKW die F9 Sonderklasse mit Dreizylinder-Zweitakter und Kunststoff-Karosserie. Der breitere Rahmen und die Vorderradaufhängung, die sich deutlich von denen der Typen F2 bis F7 unterschieden, waren bereits für den F8 verwendet worden.
1950 belebte das Zwickauer Audi-Werk das kriegsbedingt gestoppte Projekt neu. Trotz neuerlicher Versuche hatte der F9 aber keinen Kunststoff-, sondern einen Stahlblech-Aufbau der benachbarten Horch-Werke. Die zweitürige Limousine mit zweigeteilter Frontscheibe kostete 13.200 Mark.

Bis Frühjahr 1953 entstanden in Zwickau 1880 Einheiten, davon 1627 Limousinen. Von Anfang an bekam der F9 den 900 ccm-Dreizylinder. Die ab 1950 in der Bundesrepublik gefertigte, optisch zum Verwechseln ähnliche F89 Meisterklasse hatte nur einen Zweizylinder-Zweitakter. Den Dreizylinder gab's hier erst 1953.
Nachdem im Oktober 1950 die Fertigung der F9-Limousine angelaufen war, zeigten die Zwickauer auf der Leipziger Frühjahrsmesse 1951 das viersitzige Cabriolet mit zweigeteilter Frontscheibe. Die Karosserien für die Serienproduktion steuerte der VEB Karosseriewerke Dresden bei. Preis des offenen F9: 14.000 Mark.

Baureihe:	IFA DKW
Modell:	F9 Limousine/Cabriolet
Bauzeit:	1950–1953/1953
Motor:	3 Zyl. Reihe
Ventilsteuerung:	keine (Zweitakter)
Hubraum:	900 ccm
B x H:	70 x 78 mm
Leistung:	21 kW (28 PS) bei 3600/min
Antrieb:	Vorderräder
Gemischaufb.:	1 Flachstromvergaser BVF H 32/0
Getriebe:	4-Gang-Schaltgetriebe
Bremsen:	Trommeln
Höchstgeschw.:	110 km/h
Leergewicht:	900/920 kg
Reifen:	5.00-16
Radstand:	2350 mm
Spur v/h:	1184/1260 mm
L x B x H:	4200 x 1600 x 1450 mm/ 4200 x 1600 x 1500 mm
Anmerkungen:	Stahlkarosserie, geteilte Frontscheibe, 2türig

IFA DKW

Weil das Zwickauer Automobilwerk die Großserienproduktion eines DDR-Kleinwagens vorbereitete, wurde im Sommer 1953 die Produktion des F9 nach Eisenach verlagert. Hier lief damals noch die aufwendige Fertigung des viertaktenden EMW, die sich aber angesichts robusterer und preiswerterer sowjetischer Importfahrzeuge kaum noch rechnete.
Die Eisenacher F9-Modelle ab 1954 (Werkscode 309) erstarkten um 2 PS und erhielten eine durchgehende Frontscheibe, eine größere Heckscheibe sowie einen 40 Liter-Tank (bisher 30 Liter). Ab 1955 bekam der F9 die modernere Lenkrad- statt der vom F8 übernommenen Krückstock-Schaltung. Nunmehr stammten auch die Limousinen-Aufbauten aus Dresden. Insgesamt 38.783 Einheiten der F9 Limousine wurden in Eisenach fertiggestellt.

Baureihe:	IFA DKW
Modell:	F9 Limousine
Bauzeit:	1953–1956
Motor:	3 Zyl. Reihe
Ventilsteuerung:	keine (Zweitakter)
Hubraum:	900 ccm
B x H:	70 x 78 mm
Leistung:	22 kW (30 PS) bei 3800/min
Antrieb:	Vorderräder
Gemischaufb.:	1 Flachstromvergaser BVF H 32/0
Getriebe:	4-Gang-Schaltgetriebe
Bremsen:	Trommeln
Höchstgeschw.:	110 km/h
Leergewicht:	920 kg
Reifen:	5.00-16
Radstand:	2350 mm
Spur v/h:	1184/1260 mm
L x B x H:	4200 x 1600 x 1500 mm
Anmerkungen:	Stahlkarosserie, 2türig

IFA DKW

In geringer Stückzahl lief unter Eisenacher Ägide auch die F9 Cabriolet-Fertigung (Typ 309/2) weiter. Alle technischen und optischen Änderungen der Limousine wurden getreulich übernommen.
Die äußerlich sehr ähnlichen offenen Aufbauten für DKW in Düsseldorf stammten übrigens vom Osnabrücker Karossier Karmann. Eine Zusammenarbeit zwischen DKW-Ost und -West gab es allerdings nie – ganz im Gegenteil: Die westlichen Händler machten massiv Front gegen Kollegen, die die preisgünstigeren Ost-DKW ins Land holten.

Baureihe:	IFA DKW
Modell:	F9/2 Cabriolet
Bauzeit:	1953–1956
Motor:	3 Zyl. Reihe
Ventilsteuerung:	keine (Zweitakter)
Hubraum:	900 ccm
B x H:	70 x 78 mm
Leistung:	22 kW (30 PS) bei 3800/min
Antrieb:	Vorderräder
Gemischaufb.:	1 Flachstromvergaser BVF H 32/0
Getriebe:	4-Gang-Schaltgetriebe
Bremsen:	Trommeln
Höchstgeschw.:	110 km/h
Leergewicht:	920 kg
Reifen:	5.00-16
Radstand:	2350 mm
Spur v/h:	1184/1260 mm
L x B x H:	4200 x 1600 x 1520 mm
Anmerkungen:	Stahlkarosserie, 2türig

IFA DKW

Nur 680 der insgesamt 40.000 F9 aus der Zwickauer und Eisenacher Ära waren zweitürige Cabrio-Limousinen (in Eisenach 309/3 genannt). Mit 15.000 Mark waren sie unverhältnismäßig teuer – ihre Käufer fanden sich vor allem in Skandinavien und in den Benelux-Ländern. Das an sich bestechende Konzept eines Automobils, das Vorzüge von Limousine und Cabrio in sich vereinigt, geriet weltweit zunehmend in Vergessenheit. Gefragter waren fortan Limousinen mit Schiebedächern – auch beim F9.

Baureihe:	IFA DKW
Modell:	F9/3 Cabrio-Limousine
Bauzeit:	1952/1954–1956
Motor:	3 Zyl. Reihe
Ventilsteuerung:	keine (Zweitakter)
Hubraum:	900 ccm
B x H:	70 x 78 mm
Leistung:	21 kW (28 PS) bei 3600/min; ab 1954: 22 kW (30 PS) bei 3800/min
Antrieb:	Vorderräder
Gemischaufb.:	1 Flachstromvergaser BVF H 32/0
Getriebe:	4-Gang-Schaltgetriebe
Bremsen:	Trommeln
Höchstgeschw.:	110 km/h
Leergewicht:	930 kg
Reifen:	5.50-16
Radstand:	2350 mm
Spur v/h:	1184/1260 mm
L x B x H:	4200 x 1600 x 1520 mm
Anmerkungen:	Stahlkarosserie, 2türig

IFA DKW

Erst mit der Verlegung der F9 Produktion nach Eisenach wurde der Kombinations-Kraftwagen 309/9 ins Modellprogramm aufgenommen. Die Stahlblech-Aufbauten dafür kamen vom VEB Karosseriewerke Halle (vormals Kühn). 12.650 Mark wurden für den großzügig verglasten Dreitürer verlangt, den es auf Wunsch auch mit abgedeckten hinteren Scheiben als Lieferwagen gab. Die Nutzmasse des Kombis betrug 440 kg.
Im Westen wurde die dortige Kombiversion »Universal« bereits seit 1951 angeboten, anfangs nur in Holz-Stahl-Gemischtbauweise.

Baureihe:	IFA DKW
Modell:	F9/9 Kombi
Bauzeit:	1953–1956
Motor:	3 Zyl. Reihe
Ventilsteuerung:	keine (Zweitakter)
Hubraum:	900 ccm
B x H:	70 x 78 mm
Leistung:	21 kW (28 PS) bei 3600/min; ab 1954: 22 kW (30 PS) bei 3800/min
Antrieb:	Vorderräder
Gemischaufb.:	1 Flachstromvergaser BVF H 32/0
Getriebe:	4-Gang-Schaltgetriebe
Bremsen:	Trommeln
Höchstgeschw.:	90 km/h
Leergewicht:	960 kg
Reifen:	5.50-16
Radstand:	2350 mm
Spur v/h:	1184/1260 mm
L x B x H:	4250 x 1650 x 1530 mm
Anmerkungen:	Stahlkarosserie, 3türig

Baureihe:	IFA DKW
Modell:	F9/5 Schnell-Lieferwagen/ F9/7 »Woodie«-Kombi
Bauzeit:	1953–1956/1953
Motor:	3 Zyl. Reihe
Ventilsteuerung:	keine (Zweitakter)
Hubraum:	900 ccm
B x H:	70 x 78 mm
Leistung:	21 kW (28 PS) bei 3600/min/ ab 1954: 22 kW (30 PS) bei 3800/min
Antrieb:	Vorderräder
Gemischaufb.:	1 Flachstromvergaser BVF H 32/0
Getriebe:	4-Gang-Schaltgetriebe
Bremsen:	Trommeln
Höchstgeschw.:	90 km/h
Leergewicht:	960 kg
Reifen:	5.50-16
Radstand:	2350 mm
Spur v/h:	1184/1260 mm
L x B x H:	4200 x 1650 x 1570 mm
Anmerkungen:	Stahlkarosserie, Pritsche/Holz-Stahl-Karosserie, 3türig

IFA DKW

Nach dem Vorbild des bisherigen IFA DKW F8 Kombi entstand 1953 in Eisenach eine kleine Serie eines F9-Dreitürers in Holz-Stahl-Gemischtbauweise (Werkscode 309/7). Solche Fahrzeuge hatten vor allem im englischsprachigen Raum als »Woodie« eine gewisse Tradition. Die oben und unten angeschlagene Heckklappe des Autos war horizontal zweigeteilt. Dies erleichterte die Beladung.

Gleichfalls nur in beschränkter Stückzahl entstand die links abgebildete Pickup-Ausführung des F9 (intern: 309/5). Zugang zur Ladefläche verschaffte man sich mittels einer seitlich angeschlagenen Hecktür, das Passagierabteil schloss mit einem kleinen Heckfenster ab.
Mit einem Spriegel-Verdeck versehen, wurde der Pritschenwagen zum Klein-Lkw, der rund eine halbe Tonne transportieren konnte.
1954 auf 30 PS Dauerleistung (32 PS Höchstleistung) leistungsgesteigert, errangen gerade die nutzwertorientierten Ausführungen des F9 hohe Anerkennung auch im Ausland. Dennoch konnten sie letztlich nie verhehlen, nur Derivate einer Vorkriegsentwicklung zu sein.

IFA DKW

Auch in der DDR wurde schon sehr früh mit der Produktion spezieller Polizeifahrzeuge begonnen. Während der F8 dafür keine vernünftige Basis bot, entstand im VEB Karosseriewerke Dresden aus dem F9 ein spartanischer viersitziger Kübelwagen. Vier leichte Türen mit Steckfenstern ließen sich einhängen. Im Normalfall blieben sie in der Garage, bei Einsätzen der »Grünen Minna« wurde nur eine Sperrkette vorgelegt. Das mit Blaulicht und Sirene ausgestattete Fahrzeug verfügte selbstverständlich über ein Klappverdeck, musste sich aber mit dem serienmäßigen Motor begnügen – schneller gemachte Autos bekamen die DDR-Sicherheitskräfte erst Jahre später.

Baureihe:	IFA DKW
Modell:	F9/4 Polizei-Einsatzwagen
Bauzeit:	1953–1955
Motor:	3 Zyl. Reihe
Ventilsteuerung:	keine (Zweitakter)
Hubraum:	900 ccm
B x H:	70 x 78 mm
Leistung:	21 kW (28 PS) bei 3600/min; ab 1954: 22 kW (30 PS) bei 3800/min
Antrieb:	Vorderräder
Gemischaufb.:	1 Flachstromvergaser BVF H 32/0
Getriebe:	4-Gang-Schaltgetriebe
Bremsen:	Trommeln
Höchstgeschw.:	110 km/h
Leergewicht:	960 kg
Reifen:	5.00-16
Radstand:	2350 mm
Spur v/h:	1184/1260 mm
L x B x H:	4200 x 1650 x 1540 mm
Anmerkungen:	Stahlkarosserie, 4türig

IFA DKW

Auf der Leipziger Frühjahrsmesse 1950 wurde auch eine sehr formschöne Roadster-Version des F9 präsentiert. Die zweiteilige Frontscheibe war extrem niedrig, seitlich befanden sich kleine Steckscheiben. Das nur zweisitzige Fahrzeug verfügte über ein leichtes Notverdeck, das sehr knapp geschnitten war. Alle anderen technischen Features entsprachen denen der Limousine.
Zu einer Serienproduktion des offenen Schönlings kam es allerdings nicht, das Ausstellungsstück verstaubte und ging schließlich den Weg allen Schrotts.

Baureihe:	IFA DKW
Modell:	F9 Roadster (Prototyp)
Bauzeit:	1950
Motor:	3 Zyl. Reihe
Ventilsteuerung:	keine (Zweitakter)
Hubraum:	900 ccm
B x H:	70 x 78 mm
Leistung:	25 kW (34 PS) bei 4000/min
Antrieb:	Vorderräder
Gemischaufb.:	2 Fallstromvergaser BVF H 32/0
Getriebe:	4-Gang-Schaltgetriebe
Bremsen:	Trommeln
Höchstgeschw.:	130 km/h
Leergewicht:	920 kg
Reifen:	5.00-16
Radstand:	2350 mm
Spur v/h:	1184/1260 mm
L x B x H:	4180 x 1550 x 1480 mm
Anmerkungen:	Stahlkarosserie, 2türig

AWZ

Baureihe:	AWZ
Modell:	P70 Limousine
Bauzeit:	1955–1959
Motor:	2 Zyl. Reihe
Ventilsteuerung:	keine (Zweitakter)
Hubraum:	684 ccm
B x H:	76 x 76 mm
Leistung:	16 kW (22 PS) bei 3500/min
Antrieb:	Vorderräder
Gemischaufb.:	1 Flachstromvergaser BVF H30, ab 1956: H 32/1
Getriebe:	3-Gang-Schaltgetriebe
Bremsen:	Trommeln
Höchstgeschw.:	90 km/h
Leergewicht:	800 kg
Reifen:	5.00-16
Radstand:	2380 mm
Spur v/h:	1190/1200 mm
L x B x H:	3740 x 1500 x 1480 mm
Anmerkungen:	Stahlskelett, Kunststoffbeplankung, 2-türig

Direkter Nachfolger des F8 war der AWZ P70 »Zwickau«, intern als F8 K bezeichnet. Das Fahrwerk blieb fast das gleiche, allerdings schrumpfte der Radstand um 22 cm. Der Motor basierte auf dem F8-Triebwerk, verfügte allerdings über einen Leichtmetall-Kopf mit zentraler Zündkerze (F8: Grauguss mit seitlicher Kerze) und war um 2 PS erstarkt. Getriebe und Schaltung blieben gleich, neu war die vom F9 stammende Lenkung.
Eine absolute Novität war die Karosseriebeplankung aus Kunststoff. Darunter befand sich – wie beim F8 – ein Holzgestell. Der Aufbau der ab Herbst 1955 ausgelieferten Limousine entstand beim VEB Karosseriewerke Dresden. Ihr Kofferraum war übrigens nie von außen zugänglich. 1956 und 1957 erfuhr das Auto ein Facelift. Bis zur Produktionseinstellung 1959 wurden deutlich rund 34.000 dieser Zweitürer gebaut – Preis 9250 Mark.

AWZ

Die Kombi-Version des P70 mit seitlich öffnender Hecktür wurde ab Frühjahr 1956 angeboten. Bis zur B-Säule war sie identisch mit der Limousine, das Dach bestand allerdings nicht aus Duroplast-Kunststoff, sondern wurde von einem mit Kunstleder bezogenen Geflecht gebildet.
Anfangs entstand der Kombi-Aufbau direkt im Zwickauer Werk, um Ende 1956 ebenfalls in Dresden gefertigt zu werden. Genau wie die Limousine verfügte er über Schiebefenster, hatte gegenläufige Wischer (ab 1957 parallel) und – als wichtigen Unterschied zum F8 – ein 12 Volt-Bordnetz mit Dynastarter (früher 6 Volt). Der über 4000 mal produzierte Kombi kostete 9900 Mark.

Baureihe:	AWZ
Modell:	P70 Kombi
Bauzeit:	1956–1959
Motor:	2 Zyl. Reihe
Ventilsteuerung:	keine (Zweitakter)
Hubraum:	684 ccm
B x H:	76 x 76 mm
Leistung:	16 kW (22 PS) bei 3500/min
Antrieb:	Vorderräder
Gemischaufb.:	1 Flachstromvergaser BVF H 32/1
Getriebe:	3-Gang-Schaltgetriebe
Bremsen:	Trommeln
Höchstgeschw.:	90 km/h
Leergewicht:	830 kg
Reifen:	5.00-16
Radstand:	2380 mm
Spur v/h:	1190/1200 mm
L x B x H:	3740 x 1500 x 1480 mm
Anmerkungen:	Stahlskelett, Kunststoffbeplankung, 3türig

AWZ

Letzte Karosserie-Ausführung des P70 war das 2+2sitzige Coupé. Sehr viel schnittiger und eleganter als Limousine und Kombi machte es eine wirklich gute Figur. Meist war es zweifarbig lackiert. Auf der blechernen Motorhaube thronte eine Hutze mit Chromrand, als einziger P70-Typ bekam das Coupé einen Kofferraum-Deckel aus Blech.

Der Coupé-Aufbau entstand gleichfalls in Dresden. Der Wagen verfügte über den seit 1956 verwendeten Instrumententräger (Kombiinstrument mit Kühlwasserthermometer) und die neue Krümmerheizung. Vordere und hintere Kurbel-Scheiben waren voll versenkbar, ausstellbare Dreieck-Fenster gab's allerdings nicht mehr.

Bis 1959 entstanden 1500 dieser sportlich dreinschauenden Autos, die in der DDR 11.700 Mark kosteten.

Baureihe:	AWZ
Modell:	P70 Coupé
Bauzeit:	1957–1959
Motor:	2 Zyl. Reihe
Ventilsteuerung:	keine (Zweitakter)
Hubraum:	684 ccm
B x H:	76 x 76 mm
Leistung:	16 kW (22 PS) bei 3500/min
Antrieb:	Vorderräder
Gemischaufb.:	1 Flachstromvergaser BVF H 32/1
Getriebe:	3-Gang-Schaltgetriebe
Bremsen:	Trommeln
Höchstgeschw.:	100 km/h
Leergewicht:	875 kg
Reifen:	5.00-16
Radstand:	2380 mm
Spur v/h:	1190/1200 mm
L x B x H:	3740 x 1500 x 1400 mm
Anmerkungen:	Stahlskelett, Kunststoffbeplankung, 2türig

Sachsenring

Mit dem P240 versuchten die Zwickauer, wieder ein Fahrzeug der oberen Mittelklasse zu lancieren. Entwickelt und in Handarbeit hergestellt wurde es vom Horch-Werk, wobei beim Fahrwerk Anleihen beim verflossenen EMW 340 genommen wurden.
1954 wurde das noble Auto mit der Panorama-Heckscheibe erstmals gezeigt. Die ersten 100 Exemplare entstanden 1955/56. Zunächst lief der P240 unter der Bezeichnung »Horch« – einschließlich des legendären H-Logos mit der Krone über den zunächst senkrechten Zierstäben des Grills (dazu anfangs punktförmige Blinker), auf dem Kofferraum-Deckel und auf den Radkappen. 1957 bekam der Wagen horizontale Grill-Lamellen und herumgezogene Blinkleuchten. Üppig uch der Preis des Wagens – 27.000 Mark. Die tatsächlichen Herstellungskosten lagen allerdings bei 33.000 Mark.

Baureihe:	AWZ Sachsenring
Modell:	P240 Limousine (Version 1)
Bauzeit:	1955–1957
Motor:	6 Zyl. Reihe
Ventilsteuerung:	hängend, seitl. Nockenwelle
Hubraum:	2407 ccm
B x H:	78 x 84 mm
Leistung:	59 kW (80 PS) bei 4250/min
Antrieb:	Hinterräder
Gemischaufb.:	1 Flachstromvergaser BVF F 36/3
Getriebe:	4-Gang-Schaltgetriebe
Bremsen:	Trommeln
Höchstgeschw.:	140 km/h
Leergewicht:	1525 kg
Reifen:	7.10-15
Radstand:	2800 mm
Spur v/h:	1350/1400 mm
L x B x H:	4730 x 1780 x 1680 mm
Anmerkungen:	Stahlkarosserie, 4türig

Sachsenring

Bis zur Einstellung des P240 im Jahr 1959 entstanden offiziell insgesamt 1382 Exemplare. Insider sprechen von 1800 Fahrzeugen, die bis 1960 unter Zuhilfenahme von Restteilen entstanden seien. Ab 1958 firmierte das Auto aufgrund der Neustrukturierung des Zwickauer Werks (Vereinigung von Horch und Audi zum »VEB Sachsenring, Automobilwerke Zwickau« am 1. Mai 1958) als Typ »Sachenring« – mit dem S-Logo, das später auch der Trabant erhalten sollte.
Während bis 1957 sowohl senkrechte als auch waagerechte Grill-Lamellen verbaut wurden, haben die späteren Ausführungen nur noch die waagerecht ausgerichteten Grills. Die seitlichen Zierleisten waren 1958/59 zunächst waagerecht, dann geschwungen. Modifikationen erfuhr auch das Interieur. Die Technik blieb unverändert, einschließlich des durstigen, eigenkonstruierten 2,4 Liter-Sechszylinders.

Baureihe:	AWZ Sachsenring
Modell:	P240 Limousine (Version 3)
Bauzeit:	1958–1959
Motor:	6 Zyl. Reihe
Ventilsteuerung:	hängend, seitl. Nockenwelle
Hubraum:	2407 ccm
B x H:	78 x 84 mm
Leistung:	59 kW (80 PS) bei 4250/min
Antrieb:	Hinterräder
Gemischaufb.:	1 Flachstromvergaser BVF F 36/3
Getriebe:	4-Gang-Schaltgetriebe
Bremsen:	Trommeln
Höchstgeschw.:	135 km/h
Leergewicht:	1600 kg
Reifen:	7.10-15
Radstand:	2800 mm
Spur v/h:	1350/1400 mm
L x B x H:	4730 x 1780 x 1680 mm
Anmerkungen:	Stahlkarosserie, 4türig

Sachsenring

Im Auftrag des Staatlichen Fernsehfunks der DDR wurden ab 1958 ein halbes Dutzend »Sachsenring« P240 im Karosseriewerk Halle zu großen Kombis mit seitlich angeschlagener Hecktür umgebaut. Sie wurden ausschließlich als Dienstwagen – meist zum Transport des gesamten Sende-Equipments – verwendet.
Der manuelle Aufwand übertraf die 2500 Arbeitsstunden, die für die Limousine anfielen, bei weitem. Auffällig war das große Faltschiebedach, das bis zu C-Säule reichte. Die Technik des Fahrzeugs selbst blieb unverändert.

Baureihe:	AWZ Sachsenring
Modell:	P240 Kombi
Bauzeit:	1958–1959
Motor:	6 Zyl. Reihe
Ventilsteuerung:	hängend, seitl. Nockenwelle
Hubraum:	2407 ccm
B x H:	78 x 84 mm
Leistung:	59 kW (80 PS) bei 4250/min
Antrieb:	Hinterräder
Gemischaufb.:	1 Flachstromvergaser BVF F 36/3
Getriebe:	4-Gang-Schaltgetriebe
Bremsen:	Trommeln
Höchstgeschw.:	140 km/h
Leergewicht:	1600 kg
Reifen:	7.10-15
Radstand:	2800 mm
Spur v/h:	1350/1400 mm
L x B x H:	4730 x 1780 x 1700 mm
Anmerkungen:	Stahlkarosserie, 5türig

Sachsenring

Ausschließlich für Repräsentationszwecke entstanden schätzungsweise fünf bis zehn viertürige Cabriolets auf P240-Basis. Es gab Ausführungen mit geschwungenen oder waagerechten Seitenzierleisten sowie mit waagerechten oder senkrechten Kühlerlamellen. Die erheblich versteiften Aufbauten einschließlich des riesigen Verdecks fertigte der VEB Karosseriewerke Dresden.
Die Wagen wurden vor allem für die Generalität der Nationalen Volksarmee eingesetzt, die auch als Auftraggeber für die Umbauten verantwortlich zeichnete. Beim Militär blieb zumindest der Motor des P240 noch sehr lange im Einsatz – er trieb rund 6000 Allrad-Kübelwagen der Typen P2 M und P3 an.

Baureihe:	AWZ Sachsenring
Modell:	P240 Cabriolet
Bauzeit:	1956–1959
Motor:	6 Zyl. Reihe
Ventilsteuerung:	hängend, seitl. Nockenwelle
Hubraum:	2407 ccm
B x H:	78 x 84 mm
Leistung:	59 kW (80 PS) bei 4250/min
Antrieb:	Hinterräder
Gemischaufb.:	1 Flachstromvergaser BVF F 36/3
Getriebe:	4-Gang-Schaltgetriebe
Bremsen:	Trommeln
Höchstgeschw.:	140 km/h
Leergewicht:	1900 kg
Reifen:	7.10-15
Radstand:	2800 mm
Spur v/h:	1350/1400 mm
L x B x H:	4730 x 1780 x 1740 mm
Anmerkungen:	Stahlkarosserie, 4türig

Sachsenring

1969 wurden auf Sachsenring-P240-Basis im Musterbau des Zwickauer Werks nochmals zwei offene Viertürer-Phaetons mit modernisierter Linienführung gebaut. Die Umbaukosten pro Fahrzeug betrugen 100.000 Mark. Auftraggeber war wieder die Nationale Volksarmee, die den »Repräsentant« für die Militärparade zum 20. Jahrestag der DDR im Oktober 1969 einsetzte.
Die Karosserie des verdecklosen Fahrzeugs bestand aus Kunststoff und hatte Doppelscheinwerfer, ein feinmaschiges Kühlergrill, runde Dreifach-Rückleuchten und eine riesige Heckklappe, unter der sich Zusatzbatterien und Funkgerät verbargen. Das mit Wartburg-Instrumenten ausgestattete Interieur verfügte über ein großes Zweispeichen-Lenkrad, zwei durchgehende Kunstleder-Sitzbänke und eine Festhaltestange.

Baureihe:	AWZ Sachsenring
Modell:	P240 Phaeton »Repräsentant«
Bauzeit:	1969
Motor:	6 Zyl. Reihe
Ventilsteuerung:	hängend, seitl. Nockenwelle
Hubraum:	2407 ccm
B x H:	78 x 84 mm
Leistung:	59 kW (80 PS) bei 4250/min
Antrieb:	Hinterräder
Gemischaufb.:	1 Flachstromvergaser BVF F 36/3
Getriebe:	4-Gang-Schaltgetriebe
Bremsen:	Trommeln
Höchstgeschw.:	130 km/h
Leergewicht:	2000 kg
Reifen:	185 HR 15 Dunlop
Radstand:	2800 mm
Spur v/h:	1350/1400 mm
L x B x H:	5000 x 1800 x 1700 mm
Anmerkungen:	Kunststoffkarosserie (Glasfiber)

Sachsenring

Ausgerüstet mit dem durchzugsstarken Sechszylinder OM 6-35 (Drehmoment 15,5 mkg bei 1250/min), der auch die ersten Ausführungen des Sachsenring P240 antrieb, wurde das geländegängige Kommando-Fahrzeug der DDR-Volksarmee im VEB Barkas-Werk Karl-Marx-Stadt/Chemnitz hergestellt. Etwa 2000 Stück davon entstanden.
Besonderheit des fünfsitzigen Autos war der permanente Allradantrieb mit hinterer Differentialsperre (Antriebskraftverteilung vorn/hinten: 36/64 %). Dank eines entsprechenden Vorgeleges ließ sich der Wagen auch durch schwieriges Gelände manövrieren. Genau wie der P240 verfügte er vorn über Doppelquerlenker und an Dreieck-Schublenkern aufgehängte Hinterräder. Die Bodenfreiheit des Kübelwagens P2M betrug 30 cm, die Nutzlast lag bei 400 kg.

Baureihe:	Sachsenring
Modell:	P2M Lkw 0,4 t
Bauzeit:	1955–1958
Motor:	6 Zyl. Reihe
Ventilsteuerung:	hängend, seitl. Nockenwelle
Hubraum:	2407 ccm
B x H:	78 x 84 mm
Leistung:	48 kW (65 PS) bei 3500/min
Antrieb:	Vorder- und Hinterräder
Gemischaufb.:	1 Flachstrom-Geländevergaser HG 361-1
Getriebe:	4-Gang-Schaltgetriebe und Vorgelege
Bremsen:	Trommeln
Höchstgeschw.:	95 km/h
Leergewicht:	1770 kg
Reifen:	6.50-16 Gelände
Radstand:	2250 mm
Spur v/h:	1400/1400 mm
L x B x H:	3755 x 1685 x 1840 mm
Anmerkungen:	Stahlkarosserie, 2- und 4türig

Sachsenring

Dem P2M folgte 1958 der gründlich weiterentwickelte P3. Bis zur endgültigen Ablösung des letzten Allrad-Kübels der DDR durch sowjetische Geländewagen aus Gorki wurde er zunächst in Karl-Marx-Stadt, dann in Ludwigsfelde rund 4000 mal gebaut.
Der 2,4 Liter-Sechszylinder wurde in der überarbeiteten Version OM 6-40 um 10 PS stärker, die Technik blieb weitgehend die gleiche. Neu war die Anordnung der Rücksitze links und rechts längs zur Fahrtrichtung an den Seitenwänden. So ließen sich insgesamt sieben Insassen oder Fahrer/Beifahrer plus 500 kg transportieren. Zutritt verschafften sich die Hinterbänkler über eine Hecktür. Die Bodenfreiheit des Allradlers, den es nie mit komplett festem Aufbau gab, wuchs auf 33 cm, die Nutzmasse stieg von 400 auf 700 kg.

Baureihe:	Sachsenring
Modell:	P3 Lkw 0,7 t
Bauzeit:	1958–1968
Motor:	6 Zyl. Reihe
Ventilsteuerung:	hängend, seitl. Nockenwelle
Hubraum:	2407 ccm
B x H:	78 x 84 mm
Leistung:	55 kW (75 PS) bei 3750/min
Antrieb:	Vorder- und Hinterräder
Gemischaufb.:	1 Flachstrom-Geländevergaser HG 361-1
Getriebe:	4-Gang-Schaltgetriebe und Vorgelege
Bremsen:	Trommeln
Höchstgeschw.:	95 km/h
Leergewicht:	1860 kg
Reifen:	7.50-16 Extra
Radstand:	2400 mm
Spur v/h:	1420/1400 mm
L x B x H:	3710 x 1950 x 1950 mm
Anmerkungen:	Stahlkarosserie, 3türig

AWZ

Dank des wirtschaftlichen Aufschwungs in der DDR, der freilich nicht das Ausmaß des westlichen Wirtschaftswunders erreichte, wuchs der Wunsch nach Motorisierung. Hohe Stückzahlen aber waren mit dem P70 nicht machbar – der Anteil an manueller Arbeit war zu hoch. Darum entschlossen sich die Verantwortlichen, einen einfach zu fertigenden Kleinwagen auf den Markt zu bringen.
Um unabhängig von westlichen Blechlieferungen zu sein, wurde die bereits bei den F8-Motorhauben und bei der P70-Beplankung erprobte Kunststoff-Technologie vervollkommnet. Das selbsttragende Gerüst des künftigen Kleinwagens bestand zwar aus Stahlblech – beplankt werden sollte es mittels eines Baumwoll-Phenolharz-Gemisches, das unter hohem Druck in die jeweilige Form gepreßt wurde.
Die meisten vorab gefertigten Prototypen (eine Handvoll Limousinen, mindestens ein Kombi) kamen allerdings noch im konventionellen Blechkleid daher. Äußerlich ähnelten sie frappierend dem bisherigen Typ P70.
Der luftgekühlte Zweizylinder-Motor und das unsynchronisierte Viergang-Getriebe (vorher Dreigang) basierten auf der bewährten DKW-Konstruktion. Versuchsweise wurden auch zwei miteinander kombinierte, luftgekühlte 250 ccm-Motorrad-Motoren installiert, die es auf 21 PS brachten.

Baureihe:	AWZ
Modell:	P50 Limousine/Kombi (Prototypen)
Bauzeit:	1954/59
Motor:	2 Zyl. Reihe
Ventilsteuerung:	keine (Zweitakter)
Hubraum:	499 ccm
B x H:	66 x 73 mm
Leistung:	12 kW (17 PS) bei 3750/min
Antrieb:	Vorderräder
Gemischaufb.:	1 Flachstromvergaser BVF H 26/1-0
Getriebe:	4-Gang-Schaltgetriebe
Bremsen:	Trommeln
Höchstgeschw.:	90 km/h
Leergewicht:	620 kg
Reifen:	5.20-13
Radstand:	2020 mm
Spur v/h:	1200/1240 mm
L x B x H:	3375x1500x1395/1400 mm
Anmerkungen:	Stahlkarosserie, 2türig

AWZ

Zum 7. November 1957, dem Jahrestag der russischen Oktoberrevolution, lief die Nullserie des P50 an; seine Serienproduktion in Zwickau begann im August 1958. Den Namen »Trabant« erhielt das Auto im Zuge eines Preisausschreibens – damit sollte des ersten sowjetischen Sputniks gedacht werden. Der anfangs nur 17 PS starke 500 ccm-Motor entstand beim VEB Barkas-Werke in Chemnitz/Karl-Marx-Stadt. Wie der F8/P70-Zweizylinder wurde er quer vor der Vorderachse eingebaut, erhielt aber Luftkühlung (Fahrtwind und Lüfterrad). Erstmals wurde ein Kleinwagen aus Zwickau nun mit Kofferraumklappe ausgeliefert. Es blieb freilich bei zwei Türen – mehr sollten auch die Nachfolger nie bekommen. Der cW-Wert der Limousine lag bei 0,55.

Baureihe:	AWZ Trabant
Modell:	P50 Limousine
Bauzeit:	1957–1958
Motor:	2 Zyl. Reihe
Ventilsteuerung:	keine (Zweitakter)
Hubraum:	499 ccm
B x H:	66 x 73 mm
Leistung:	12 kW (17 PS) bei 3750/min
Antrieb:	Vorderräder
Gemischaufb.:	1 Flachstromvergaser BVF H 26/1-0
Getriebe:	4-Gang-Schaltgetriebe
Bremsen:	Trommeln
Höchstgeschw.:	90 km/h
Leergewicht:	620 kg
Reifen:	5.20-13
Radstand:	2020 mm
Spur v/h:	1200/1240 mm
L x B x H:	3375 x 1500 x 1395 mm
Anmerkungen:	Stahlskelett, Kunststoffbeplankung, 2türig

AWZ

Ganz offensichtlich inspiriert vom P70 Coupé planten die Zwickauer ursprünglich auch eine 2+2-sitzige Version des P50. Überlegungen zu einer offenen Ausführung wurden dagegen sofort verworfen, so dass es nicht einmal zum Bau eines maßstabsgetreuen Modells kam. Das P50 Coupé mit der markanten Panorama-Heckscheibe blieb ein Unikat. Im Export hätte sich dieses Zweitakt-Fahrzeug kaum gegen die westlichen Konkurrenten behaupten können, und im Inland ging es in erster Linie um die Befriedigung dringender Transportbedürfnisse. Für ein reines Spaßmobil war da kein Platz.

Baureihe:	AWZ Trabant
Modell:	P50 Coupé (Prototyp)
Bauzeit:	1956
Motor:	2 Zyl. Reihe
Ventilsteuerung:	keine (Zweitakter)
Hubraum:	499 cm³
B x H:	66 x 73 mm
Leistung:	12 kW (17 PS) bei 3750/min
Antrieb:	Vorderräder
Gemischaufb.:	1 Flachstromvergaser BVF H 26/1-0
Getriebe:	4-Gang-Schaltgetriebe
Bremsen:	Trommeln
Höchstgeschw.:	95 km/h
Leergewicht:	600 kg
Reifen:	5.20-13
Radstand:	2020 mm
Spur v/h:	1200/1240 mm
L x B x H:	3375 x 1500 x 1360 mm
Anmerkungen:	Stahlskelett, Kunststoffbeplankung, 2türig

AWZ

Nur vom Oktober 1958 bis zum Juli 1959 wurde der P50 in der leistungsgesteigerten, aber weiterhin nur 6,7:1 verdichteten 18 PS-Version bei 500 ccm Hubraum gebaut. Es blieb beim unsynchronisierten Vierganggetriebe.
Äußerlich änderte sich die zweite P50-Ausführung nur marginal vom Urmodell. So wich das pompöse vordere Markenzeichen einem schlichten S-Rundlogo mit angedeuteten Chrom-Schwingen. Optional gab's nun auch eine schicke Zweifarblackierung. Die Limousine kostete ab 7450 Mark.

Baureihe:	AWZ Trabant
Modell:	P50 Limousine
Bauzeit:	1958–1959
Motor:	2 Zyl. Reihe
Ventilsteuerung:	keine (Zweitakter)
Hubraum:	499 ccm
B x H:	66 x 73 mm
Leistung:	13 kW (18 PS) bei 3750/min
Antrieb:	Vorderräder
Gemischaufb.:	1 Flachstromvergaser BVF H 26/1-0
Getriebe:	4-Gang-Schaltgetriebe
Bremsen:	Trommeln
Höchstgeschw.:	90 km/h
Leergewicht:	620 kg
Reifen:	5.20-13
Radstand:	2020 mm
Spur v/h:	1200/1240 mm
L x B x H:	3375 x 1500 x 1395 mm
Anmerkungen:	Stahlskelett, Kunststoffbeplankung, 2türig

AWZ

Direkt abgeleitet vom P50 Kombi war der Kleinlieferwagen mit geschlossenen hinteren Seitenscheiben. Maler, Fliesenleger, Tischler und Landwirte hätten viel für ein solches Fahrzeug gegeben. Aber er wurde ausschließlich 1961 hergestellt und ging größtenteils in den Export. Statt hinterer Sitze verfügte er über eine durchgehende Ladefläche. Ansonsten entsprach er in Technik und Auslegung dem Kombi-Modell.

Baureihe:	AWZ Trabant
Modell:	P50/1 Kleinlieferwagen
Bauzeit:	1959–1962
Motor:	2 Zyl. Reihe
Ventilsteuerung:	keine (Zweitakter)
Hubraum:	499 ccm
B x H:	66 x 73 mm
Leistung:	15 kW (20 PS) bei 3900/min
Antrieb:	Vorderräder
Gemischaufb.:	1 Flachstromvergaser BVF HB 28
Getriebe:	4-Gang-Schaltgetriebe
Bremsen:	Trommeln
Höchstgeschw.:	95 km/h
Leergewicht:	660 kg
Reifen:	5.20-13
Radstand:	2020 mm
Spur v/h:	1210/1260 mm
L x B x H:	3360 x 1493 x 1460 mm
Anmerkungen:	Stahlskelett, Kunststoffbeplankung, Ladefläche

AWZ

Nur versuchsweise entstanden einige wenige zweisitzige Pritschenwagen auf P50-Basis wie dieses im Bezirk Leipzig ausgelieferte Exemplar. Sie konnten mit einem Planenverdeck bestückt werden.
Den hinteren Zugang sicherte eine seitlich angeschlagene Halb-Tür.

Baureihe:	AWZ Trabant
Modell:	P50/1 Pritschenwagen
Bauzeit:	1961
Motor:	2 Zyl. Reihe
Ventilsteuerung:	keine (Zweitakter)
Hubraum:	499 ccm
B x H:	66 x 73 mm
Leistung:	15 kW (20 PS) bei 3900/min
Antrieb:	Vorderräder
Gemischaufb.:	1 Flachstromvergaser BVF HB 28
Getriebe:	4-Gang-Schaltgetriebe
Bremsen:	v und h Trommeln
Höchstgeschw.:	95 km/h
Leergewicht:	660 kg
Reifen:	5.20-13
Radstand:	2020 mm
Spur v/h:	1210/1260 mm
L x B x H:	3360 x 1493 x 1550 mm
Anmerkungen:	Stahlskelett, Kunststoffbeplankung, Pritsche

AWZ

Mit etwas höher verdichtetem, gründlich überarbeiteten 500 ccm-Motor erschien der P50/1 ab August 1959. Erstmals konnte er mit Gemisch im Verhätlnis von 33:1 (vorher: 25:1) betankt werden. Nunmehr 20 PS stark und mit längerer Achsübersetzung versehen, kam der Trabant auf 100 km/h (bisher 90 km/h).
Es blieb bei den seitlichen Schiebefenstern und den geteilten hinteren Stoßfängern. Ein großer Vorzug der ersten Trabant-Ausführung war die sehr weit nach unten ragende Kofferraum-Klappe, was das Beladen erheblich erleichterte. Die Motorhaube reichte hinunter bis zum Stoßfänger; die Zugänglichkeit des Motors war beispielhaft. Bis zur Ablösung der 500 ccm-Limousine 1962 entstanden rund 116.000 Einheiten.

Baureihe:	AWZ Trabant
Modell:	P50/1 Limousine
Bauzeit:	1959–1962
Motor:	2 Zyl. Reihe
Ventilsteuerung:	keine (Zweitakter)
Hubraum:	499 ccm
B x H:	66 x 73 mm
Leistung:	15 kW (20 PS) bei 3900/min
Antrieb:	Vorderräder
Gemischaufb.:	1 Flachstromvergaser BVF HB 28
Getriebe:	4-Gang-Schaltgetriebe
Bremsen:	Trommeln
Höchstgeschw.:	100 km/h
Leergewicht:	620 kg
Reifen:	5.20-13
Radstand:	2020 mm
Spur v/h:	1210/1260 mm
L x B x H:	3360 x 1493 x 1410 mm
Anmerkungen:	Stahlskelett, Kunststoffbeplankung, 2türig

AWZ

Im März 1960 gesellte sich als zweite Karosserieversion des Trabant der Kombi »Universal« dazu. Er löste fast nahtlos den bis 1959 gebauten P70 Kombi ab. In der Standard-Ausführung kostete der praktische und überaus gefragte Wagen mit der seitlich links angeschlagenen Hecktür 8900 Mark. Aufgebaut wurde die Karosserie allerdings nicht in Dresden, sondern in Meerane bei Zwickau. 1961 kam als der »Universal de Luxe Camping« hinzu – eine aufgewertete Variante mit großem Faltschiebedach und Liegesitzen. Ihr Preis: 9500 Mark. Fahrwerk und Technik blieben unverändert gegenüber der Limousine. Alles in allem entstanden rund 14.000 Exemplare des P50 Kombis.

Baureihe:	AWZ Trabant
Modell:	P50/1 Kombi »Universal«
Bauzeit:	1960–1962
Motor:	2 Zyl. Reihe
Ventilsteuerung:	keine (Zweitakter)
Hubraum:	499 ccm
B x H:	66 x 73 mm
Leistung:	15 kW (20 PS) bei 3900/min
Antrieb:	Vorderräder
Gemischaufb.:	1 Flachstromvergaser BVF HB 28
Getriebe:	4-Gang-Schaltgetriebe
Bremsen:	Trommeln
Höchstgeschw.:	95 km/h
Leergewicht:	660 kg
Reifen:	5.20-13
Radstand:	2020 mm
Spur v/h:	1210/1260 mm
L x B x H:	3360 x 1493 x 1460 mm
Anmerkungen:	Stahlskelett, Kunststoffbeplankung, 3türig

AWZ

Noch während der Produktionszeit des Trabant P50 erwogen die Verantwortlichen der Automobilwerke Eisenach und Zwickau eine engere Kooperation. Ergebnis dieser Bemühungen waren je ein P100-Prototyp. In modifizierter Form sollte ab 1964 in beiden Werken die Serienproduktion beginnen, wobei Zwickau für das gemeinsame Projekt verantwortlich zeichnen sollte. Doch dazu kam es nicht – vor allem wegen der hohen Vorlaufinvestitionen. Verschiedene Motorisierungen waren vorgesehen. Der bekannte Wartburg-Dreizylinder sollte beiden Ausführungen zugute kommen, ab 1961 wurde auch an der Anpassung des Wankel-Motors gearbeitet. Fortschrittlich geriet das Fahrwerk – mit vorderen Schraubenfedern und Scheibenbremsen. Das Viergang-Getriebe sollte vollsynchronisiert werden.

Baureihe:	AWZ
Modell:	P100 Stufenheck-Limousine
Bauzeit:	1961
Motor:	3 Zyl. Reihe
Ventilsteuerung:	keine (Zweitakter)
Hubraum:	992 ccm
B x H:	73,5 x 78 mm
Leistung:	35 kW (48 PS) bei 4500/min
Antrieb:	Vorderräder
Gemischaufb.:	1 Flachstromvergaser BVF H 362
Getriebe:	4-Gang-Schaltgetriebe
Bremsen:	Trommeln
Höchstgeschw.:	130 km/h
Leergewicht:	950 kg
Reifen:	6.00-13
Radstand:	2500 mm
Spur v/h:	1190/1260 mm
L x B x H:	4200 x 1550 x 1400 mm
Anmerkungen:	Stahlkarosserie, 4türig

AWZ

Ab Oktober 1962 wurde der Trabant P60 hergestellt – sowohl in der Basis- als auch in zweifarbig lackierter Sonderversion mit durchgehend breitem, geraden Seitenstreifen. Äußerlich vom P50 kaum zu unterscheiden, hatte der 600er eine Reihe neuer technischer Features unter dem Kunststoff-Body.
Die wichtigste betraf den auf 600 ccm aufgebohrten Motor, der nunmehr 23 PS leistete. Die Höchstgeschwindigkeit wuchs zwar nur geringfügig, dafür wurde die Beschleunigung um ein Drittel besser. Das Getriebe wurde nun endlich in allen Gängen synchronisiert und im vierten Gang mit einem Freilauf versehen.
Die P60 Limousine kostete in der Standardversion 7850 Mark und als Luxus-Ausführung 8300 Mark. Rund 70.000 Einheiten entstanden davon. Ebenfalls Ende 1962 begann die Fertigung des 600 ccm-Kombis und des »Camping«-Sondermodells. Technisch entsprach es der neuen Limousine, war aber selbstverständlich teurer: 9300 Mark kostete die Standardversion, 9775 Mark waren für das »Camping de Luxe«-Modell zu zahlen.
Die Produktion des P60 Kombi lief in 36.000 Einheiten bis 1965, ein Jahr länger als die zu diesem Zeitpunkt bereits abgelöste Limousine. Bessere Sitze, ein neuer Instrumententräger und verbesserte Lenkung und Bremsanlage gegenüber den P50 kennzeichneten den modernisierten 600er.

Baureihe:	AWZ Trabant
Modell:	P60 Limousine/ Kombi »Universal«
Bauzeit:	1962–1964 / 1962–1965
Motor:	2 Zyl. Reihe
Ventilsteuerung:	keine (Zweitakter)
Hubraum:	595 ccm
B x H:	72 x 73 mm
Leistung:	17 kW (23 PS) bei 3900/min
Antrieb:	Vorderräder
Gemischaufb.:	1 Flachstromvergaser BVF HB 28
Getriebe:	4-Gang-Schaltgetriebe
Bremsen:	Trommeln
Höchstgeschw.:	102 km/h/96 km/h
Leergewicht:	620 kg/660 kg
Reifen:	5.20-13
Radstand:	2020 mm
Spur v/h:	1210/1260 mm
L x B x H:	3360 x 1493 x 1410 mm/ 3360 x 1493 x 1460 mm
Anmerkungen:	Stahlskelett, Kunststoff-beplankung, 2türig/3türig

AWZ

Baureihe:	AWZ Trabant
Modell:	P601 Limousine
Bauzeit:	1964–1968
Motor:	2 Zyl. Reihe
Ventilsteuerung:	keine (Zweitakter)
Hubraum:	595 ccm
B x H:	72 x 73 mm
Leistung:	17 kW (23 PS) bei 4000/min
Antrieb:	Vorderräder
Gemischaufb.:	1 Flachstromvergaser BVF HB 28
Getriebe:	4-Gang-Schaltgetriebe
Bremsen:	Trommeln
Höchstgeschw.:	105 km/h
Leergewicht:	620 kg
Reifen:	5.20-13
Radstand:	2020 mm
Spur v/h:	1210/1260 mm
L x B x H:	3555 x 1504 x 1437 mm
Anmerkungen:	Stahlskelett, Kunststoff-beplankung, 2türig

Die Serienfertigung des Trabant 601 begann im Juli 1964. Die Technik blieb absolut die gleiche, neu war nur die geglättete Karosserie, die weiterhin aus Duroplast-Kunststoff bestand. Da die alten Fertigungseinrichtungen weiter genutzt werden sollten, blieben viele Gestaltungselemente bis hin zur Neigung der Tür-Kurbelscheiben gleich. Im neuen Einsteckgrill saß ein verchromtes S-Logo. Die Motorhaube wurde breiter, der Kofferraum größer, und die Innenausstattung war verbessert worden.
Von nun an erfuhr der P601 fast im Jahresrhythmus Modifikationen – beispielsweise die vordere Duplexbremse und die Hycomat-Halbautomatik für eine entsprechende Sonderversion. Allerdings konnte der Trabant weiterhin nur bei geöffneter Motorhaube betankt werden. Der Limousinen-Grundpreis lag bei rund 8000 Mark; die 23 PS-Version entstand 270.000 mal.

AWZ

Erst 1965 folgte der Kombi, der wegen seines Laderaums von bis zu 1400 Liter zum absoluten Verkaufsschlager in der DDR avancierte. Dennoch entfielen auf ihn nur 20 Prozent der staatlich gelenkten Trabant-Gesamtproduktion. Der Aufbau mit der nach oben öffnenden Hecktür entstand im Karosseriewerk Meerane.
Genau wie für die Limousine gab's neben dem Basistyp die aufgewerteten und deutlich teureren Versionen »S« (Sonderwunsch) und »S de Luxe«, letztere sogar mit Chrom-Stoßfängern. Abgeleitet vom Kombi wurde für bestimmte Exportmärkte auch eine Lieferwagen-Ausführung mit geschlossenen hinteren Seitenscheiben produziert.
Bis Ende 1968 entstanden rund 50.000 Trabant 601 Kombis. Sie kosteten 1500 Mark mehr als die zweitürige Version.

Baureihe:	AWZ Trabant
Modell:	P601 Kombi »Universal«
Bauzeit:	1965–1968
Motor:	2 Zyl. Reihe
Ventilsteuerung:	keine (Zweitakter)
Hubraum:	595 ccm
B x H:	72 x 73 mm
Leistung:	17 kW (23 PS) bei 4000/min
Antrieb:	Vorderräder
Gemischaufb.:	1 Flachstromvergaser BVF HB 28
Getriebe:	4-Gang-Schaltgetriebe
Bremsen:	Trommeln
Höchstgeschw.:	100 km/h
Leergewicht:	660 kg
Reifen:	5.20-13
Radstand:	2020 mm
Spur v/h:	1210/1260 mm
L x B x H:	3560 x 1510 x 1467 mm
Anmerkungen:	Stahlskelett, Kunststoffbeplankung, 3türig

AWZ

In erster Linie für Armee, Grenztruppen und Polizei der DDR wurde ab Herbst 1966 der Trabant Kübelwagen produziert; die Aufbauten stammten aus Meerane. Ihre Besonderheit: Ab der B-Säule schloss sich ein eckig geformter Stahlblechaufbau mit Rohr-Stoßfängern an. Das Interieur war betont einfach gehalten, so gab es beispielsweise kein Handschuhfach.
Das Ersatzrad wurde außen angebracht, zum Fahrzeug gehörte ein Klappverdeck mit hinterer Kunststoff-Scheibe, das sehr einfach im oberen Frontscheiben-Rahmen befestigen ließ. Seitliche Türen aus Kunststoff-Material komplettierten die Ausrüstung. Die Technik des Autos blieb unverändert. Eine Preisangabe für den Trabant Kübel gab es offiziell nie.

Baureihe:	AWZ Trabant
Modell:	P601 F Kübelwagen
Bauzeit:	1966–1990
Motor:	2 Zyl. Reihe
Ventilsteuerung:	keine (Zweitakter)
Hubraum:	595 ccm
B x H:	72 x 73 mm
Leistung:	17 kW (23 PS) bei 4000/min; ab 1969: 19 kW (26 PS) bei 4000/min
Antrieb:	Vorderräder
Gemischaufb.:	1 Flachstromvergaser BVF HB 28
Getriebe:	4-Gang-Schaltgetriebe
Bremsen:	Trommeln
Höchstgeschw.:	100 km/h
Leergewicht:	645 kg
Reifen:	5.20-13
Radstand:	2020 mm
Spur v/h:	1210/1260 mm
L x B x H:	3500 x 1600 x 1500 mm
Anmerkungen:	Stahlskelett, Stahlblechbeplankung hinten

AWZ

Ab dem ersten Quartal 1969 wurde der Trabant mit dem auf 26 PS leistungsgesteigerten Zweitakter versehen. Es blieb zunächst beim Mischungsverhältnis von 33:1 und bei der antiquierten 6 Volt-Anlage (bis 1984). Erst 1974 kam ein modernerer Motor mit nadelgelagerten Kolbenbolzen und kleineren M14-Kerzen (bisher M18) zum Einsatz. Ab sofort konnten Öl und Kraftstoff im Verhältnis 1:50 gemischt werden. Gleichzeitig gab's ab 1974 einen 26 Liter-Tank (bisher 24 Liter).
Die technisch und komfortmäßig aufgewertete Limousine kostete 10.950 Mark. Von 1969 bis 1988 entstanden 1,8 Millionen 26 PS-Limousinen.

Baureihe:	AWZ Trabant
Modell:	P601 Limousine
Bauzeit:	1969–1988
Motor:	2 Zyl. Reihe
Ventilsteuerung:	keine (Zweitakter)
Hubraum:	595 ccm
B x H:	72 x 73 mm
Leistung:	18 kW (26 PS) bei 4000/min
Antrieb:	Vorderräder
Gemischaufb.:	1 Flachstromvergaser BVF HB 28
Getriebe:	4-Gang-Schaltgetriebe
Bremsen:	Trommeln
Höchstgeschw.:	108 km/h
Leergewicht:	620 kg
Reifen:	5.20-13
Radstand:	2020 mm
Spur v/h:	1210/1260 mm
L x B x H:	3555 x 1504 x 1437 mm
Anmerkungen:	Stahlskelett, Kunststoffbeplankung, 2türig

AWZ

Der überaus stark gefragte Kombi mit 26 PS-Motor war gleichfalls in »S«- und »S de Luxe«-Ausführung zu haben. Erkennbar ist die zweite Evolutionsstufe durch das nunmehr auf der Motorhaube plazierte S-Logo und die weiterhin einteiligen Stoßfänger (bis 1980).
Ab 1976 erhielt die Hecktür eine mechanische Abstützung; 1977 gab's die Fondablage.
1981 erhielt der Kombi erstmals eine Wisch-Wasch-Anlage; 1982 kam die Hecktür-Abstützung via Gasdruckfedern. 1984 wurde dem Trabant schließlich eine heizbare Heckscheibe spendiert.
Insgesamt 480.000 Kombis mit 26 PS-Motor entstanden bis 1988; sie kosteten zwischen 12.000 und 15.000 Mark.

Baureihe:	AWZ Trabant
Modell:	P601 Kombi »Universal«
Bauzeit:	1969–1988
Motor:	2 Zyl. Reihe
Ventilsteuerung:	keine (Zweitakter)
Hubraum:	595 ccm
B x H:	72 x 73 mm
Leistung:	18 kW (26 PS) bei 4000/min
Antrieb:	Vorderräder
Gemischaufb.:	1 Flachstromvergaser BVF HB 28
Getriebe:	4-Gang-Schaltgetriebe
Bremsen:	Trommeln
Höchstgeschw.:	105 km/h
Leergewicht:	620 kg
Reifen:	5.20-13
Radstand:	2020 mm
Spur v/h:	1210/1260 mm
L x B x H:	3560 x 1510 x 1467 mm
Anmerkungen:	Stahlskelett, Kunststoffbeplankung, 3türig

AWZ

Baureihe:	AWZ Trabant
Modell:	P602 V Schrägheck (Prototyp)
Bauzeit:	1968
Motor:	2 Zyl. Reihe
Ventilsteuerung:	keine (Zweitakter)
Hubraum:	595 ccm
B x H:	72 x 73 mm
Leistung:	18 kW (26 PS) bei 4000/min
Antrieb:	Vorderräder
Gemischaufb.:	1 Flachstromvergaser BVF HB 28
Getriebe:	4-Gang-Schaltgetriebe
Bremsen:	Trommeln
Höchstgeschw.:	105 km/h
Leergewicht:	620 kg
Reifen:	5.20-13
Radstand:	2020 mm
Spur v/h:	1210/1260 mm
L x B x H:	3560 x 1510 x 1467 mm
Anmerkungen:	Stahlskelett, Kunststoffbeplankung, 3türig

Neben gänzlich eigenständig geformten Versuchsträgern griffen die Zwickauer Entwicklungsingenieure auch immer wieder auf den P601 zurück, wenn sie neue Technikfeatures für einen eventuellen Serieneinsatz untersuchten.
1968 entstand – parallel zu einem entsprechenden Fahrzeug der Eisenacher Wartburg-Kollegen – eine Schrägheck-Variante des Trabant. Sie unterschied sich nicht nur durch die modernisierte Karosserie vom Urtyp. Vielmehr verfügte sie über eine schraubengefederte Vorderachse statt der serienmäßigen Halbelliptikfedern; der auf 32 Liter vergrößerte Kraftstofftank saß im Heck. Mit mehrteiligem Stoßfänger wurde der Wagen, der nie in Serienproduktion ging, allerdings erst Jahre später nachgerüstet.

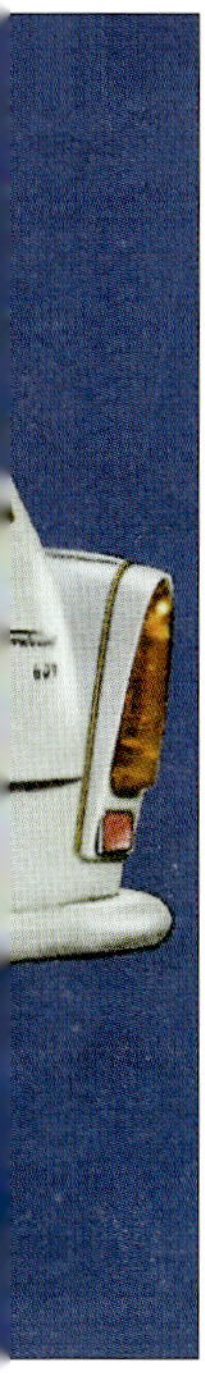

Trabant P602 Kreiskolbenmotor

Baureihe:	AWZ Trabant
Modell:	P602 Kreiskolbenmotor
Bauzeit:	1968
Motor:	Einscheiben-Kreiskolbenmotor
Kammervolumen:	549 ccm
Leistung:	25 kW (34 PS)
Antrieb:	Vorderräder
Getriebe:	4-Gang-Schaltgetriebe
Bremsen:	Trommeln
Höchstgeschw.:	rund 130 km/h
Leergewicht:	rund 630 kg
Radstand:	2020 mm
Spur v/h:	1210/1260 mm
L x B x H:	3560 x 1510 x 1467 mm
Anmerkungen:	Karosserieumbau 1980

Weil der Zweitakter langfristig als veraltet gesehen wurde, arbeiteten die DDR-Techniker in den 60er-Jahren an Alternativantrieben – allen voran am Kreiskolbenmotor. Ab 1961 begannen die Arbeiten an Pkw-Anwendungen für das Zwickauer und das Eisenacher Automobilwerk. Im Februar 1965 wurde dann ein Lizenzvertrag mit NSU geschlossen; schon 1967 sollten jährlich bis 200.000 Kreiskolbenmotoren in der DDR vom Band laufen – gebaut im Automobilwerk Zwickau. Für den Trabant war ein 34 PS starker Einscheibenmotor vorgesehen, immerhin vier fahrfertige Prototypen entstanden. Wegen verschiedener nicht lösbarer technischer Probleme ließen sich die ambitionierten Pläne jedoch nicht umsetzen, und 1969 wurde der Lizenzvertrag nach millionenschweren Investitionen wieder gekündigt. Eines der »überlebenden« Fahrzeuge steht heute, äußerlich modernisiert, im August Horch Museum in Zwickau.

AWZ

Basierend auf dem Ende der 60er Jahre erfolgreich erprobten Versuchsträger P603 entstanden 1970 in Zwickau vier Exemplare des P760. Er sollte künftig parallel in Eisenach und in Zwickau gebaut werden – die Modifikationen betrafen sowohl den Aufbau (Zwickau nur mit Schrägheck-Karosserie) als auch den Motor (Zwickau mit 1,1 Liter-Skoda-Viertakter, Eisenach mit 1,3 Liter-Skoda-Motor).
820 Kilo Leermasse und 400 Kilo Nutzlast wurden für den P760 festgelegt, vorn saßen moderne McPherson-Federbeine, die Querlenker-Hinterachse hing an einer Querblattfeder. Der unter dem Namen »Hängebauchschwein« bekanntgewordene Dreitürer mit dem minimalen hinteren Radausschnitt kam über das Prototypenstadium nie hinaus.

Baureihe:	AWZ
Modell:	P760 (Prototyp)
Bauzeit:	1970
Motor:	4 Zyl. Reihe
Ventilsteuerung:	hängend, seitl. Nockenwelle
Hubraum:	1100 ccm
B x H:	72 x 68 mm
Leistung:	37 kW (50 PS) bei 4500/min
Antrieb:	Vorderräder
Gemischaufb.:	1 Fallstromvergaser Jikov 32
Getriebe:	4-Gang-Schaltgetriebe
Bremsen:	Trommeln
Höchstgeschw.:	130 km/h
Leergewicht:	820 kg
Reifen:	155-14
Radstand:	2450 mm
Spur v/h:	k.A.
L x B x H:	4100 x 1600 x 1500 mm
Anmerkungen:	Stahlblechkarosserie, 3türig

AWZ

Wichtigste Neuerung des Trabant ab 1988 waren die hinteren Schraubenfedern. Die 12 Volt-Anlage (Drehstrom-Generator) gab es bereits seit 1984, im Gegenzug eines Kompensationsgeschäfts mit Citroën wurden seit jenem Jahr neue Gleichlauf-Gelenkwellen (vorher Scharniergelenke) verwendet. Dazu kamen verbesserte Spurstangen vom Eisenacher Wartburg.
Erstmals war die Frontscheibe aus Verbundglas, neu waren auch die Kunststoff-Kopfstützen und die Automatikgurte. Sogar eine Glashebedach war nun zu haben. Damit kostete die Limousine 13.000 Mark. Rund 200.000 Exemplare entstanden bis zur Ablösung der Limousine durch das Nachfolgemodell.

Baureihe:	AWZ Trabant
Modell:	P601 Limousine
Bauzeit:	1988–1990
Motor:	2 Zyl. Reihe
Ventilsteuerung:	keine (Zweitakter)
Hubraum:	595 ccm
B x H:	72 x 73 mm
Leistung:	18 kW (26 PS) bei 4000/min
Antrieb:	Vorderräder
Gemischaufb.:	1 Flachstromvergaser BVF HB 28
Getriebe:	4-Gang-Schaltgetriebe
Bremsen:	Trommeln
Höchstgeschw.:	108 km/h
Leergewicht:	620 kg
Reifen:	5.20-13
Radstand:	2020 mm
Spur v/h:	1210/1260 mm
L x B x H:	3555 x 1504 x 1437 mm
Anmerkungen:	Stahlskelett, Kunststoffbeplankung, 2türig

AWZ

Den Zwickauern war es mit der letzten Trabant-Version tatsächlich gelungen, ungeachtet der antiquierten Grundkonzeption des Fahrzeugs eine Reihe moderner Ingredienzien zu installieren, die ihn immer weiter aufwerteten. Die Käufer in der DDR hatten indes eh keine Wahl – ein vergleichbares Auto in der Preislage unter 20.000 Mark wurde nicht angeboten. Und gegen Ende der Produktionszeit des Kombi war dieser Preis fast erreicht.
Angesichts der DDR-Mangelwirtschaft diente gerade der Dreitürer als universelles Transportmittel. Nicht nur rare Konsumgüter und Baumaterialien für den Tauschhandel wurden damit befördert, sondern man nutzte den Kombi auch als Urlaubs-Wohnmobil: Ausgerüstet mit dem Dachzelt der Firma Müller aus dem Erzgebirge ließen sich trotz knapper Devisenzuteilung Fahrten ins östliche Ausland unternehmen.

Baureihe:	AWZ Trabant
Modell:	P601 Kombi »Universal«
Bauzeit:	1988–1990
Motor:	2 Zyl. Reihe
Ventilsteuerung:	keine (Zweitakter)
Hubraum:	595 ccm
B x H:	72 x 73 mm
Leistung:	18 kW (26 PS) bei 4000/min
Antrieb:	Vorderräder
Gemischaufb.:	1 Flachstromvergaser BVF HB 28
Getriebe:	4-Gang-Schaltgetriebe
Bremsen:	Trommeln
Höchstgeschw.:	108 km/h
Leergewicht:	620 kg
Reifen:	5.20-13
Radstand:	2020 mm
Spur v/h:	1210/1260 mm
L x B x H:	3560 x 1510 x 1467 mm
Anmerkungen:	Stahlskelett, Kunststoffbeplankung, 3türig

AWZ

Ab 1978 wurde der Trabant Kübelwagen auch in einer zivilen Variante als Tramp angeboten – allerdings nur als Exportfahrzeug beispielsweise in einige Mittelmeerländer. Technik und Karosserie waren identisch mit der Militärversion. Der Tramp war allerdings in hellen Pastelltönen lackiert und verfügte über das wohnlichere Interieur der Limousine. Dazu gehörten später das Vierspeichen-Lenkrad, der neugestaltete Instrumententräger einschließlich Handschuhfach, die darunter plazierte Nadelfilzablage und die hellen Kunstledersitze.
Insgesamt entstanden etwa 11.000 Einheiten des offenen Zweitakt-Trabant.

Baureihe:	AWZ Trabant
Modell:	P601 A/F Tramp
Bauzeit:	1978–1990
Motor:	2 Zyl. Reihe
Ventilsteuerung:	keine (Zweitakter)
Hubraum:	595 ccm
B x H:	72 x 73 mm
Leistung:	18 kW (26 PS) bei 4000/min
Antrieb:	Vorderräder
Gemischaufb.:	1 Flachstromvergaser BVF HB 28
Getriebe:	4-Gang-Schaltgetriebe
Bremsen:	Trommeln
Höchstgeschw.:	100 km/h
Leergewicht:	620 kg
Reifen:	5.20-13
Radstand:	2020 mm
Spur v/h:	1210/1260 mm
L x B x H:	3500 x 1600 x 1500 mm
Anmerkungen:	Stahlskelett, Stahlblechbeplankung hinten

AWZ

Der P610 entstand in insgesamt 20 Funktionsmustern für die Automobilwerke Eisenach (mit 1,3 Liter-Motor) und Zwickau (mit 1,1 Liter-Motor). Die dreitürige AWZ-Version war die wohl modernste Trabant-Interpretation – wurde aber nie serienrelevant. Die quer eingebauten Motoren stammten von Skoda, angetrieben wurden jedoch die Vorderräder. Der cW-Wert des P610 betrug 0,36. AWZ hatte 150.000 Einheiten pro Jahr geplant, musste aber das Projekt 1979 begraben.

Baureihe:	AWZ
Modell:	P610 (Prototyp)
Bauzeit:	1973–1979
Motor:	4 Zyl. Reihe
Ventilsteuerung:	hängend, seitl. Nockenwelle
Hubraum:	1100 ccm
B x H:	72 x 68 mm
Leistung:	33 kW (45 PS) bei 4300/min
Antrieb:	Vorderräder
Gemischaufb.:	1 Fallstromvergaser Jikov 32
Getriebe:	4-Gang-Schaltgetriebe
Bremsen:	Trommeln
Höchstgeschw.:	125 km/h
Leergewicht:	730 kg
Reifen:	145 SR 13
Radstand:	2200 mm
Spur v/h:	
L x B x H:	3595 x 1570 x 1450 mm
Anmerkungen:	Stahlblechkarosserie

AWZ

Sicher hatten die Vertriebsleute aus Zwickau weniger den Binnenmarkt, als bestimmte devisenträchtige Auslandsmärkte im Blick, als sie versuchsweise eine Pick-up-Version des 601 auf die Räder stellten.
Bis zur B-Säule wurde die bekannte Grundform genutzt, daran schloss sich eine kleine, aus Blech geformte Ladefläche an. Bei Bedarf ließ sich eine Planenkonstruktion darüber spannen. Die stilistische Auslegung überzeugte – aber offensichtlich waren die Absatzchancen schlechter als ursprünglich gedacht. So unterblieb eine Serienproduktion dieses Fahrzeugs.

Baureihe:	AWZ Trabant
Modell:	P601 Pick-up (Prototyp)
Bauzeit:	1980
Motor:	2 Zyl. Reihe
Ventilsteuerung:	keine (Zweitakter)
Hubraum:	595 cm³
B x H:	72 x 73 mm
Leistung:	18 kW (26 PS) bei 4000/min
Antrieb:	Vorderräder
Gemischaufb.:	1 Flachstromvergaser BVF HB 28
Getriebe:	4-Gang-Schaltgetriebe
Bremsen:	Trommeln
Höchstgeschw.:	108 km/h
Leergewicht:	720 kg
Reifen:	5.20-13
Radstand:	2020 mm
Spur v/h:	1210/1260 mm
L x B x H:	3560 x 1510 x 1540 mm
Anmerkungen:	Stahlskelett, Kunststoffbeplankung, Pritsche

AWZ

1984 implantierten die Zwickauer dem Trabant einen Dreizylinder-Diesel (Quereinbau). Dieser Wirbelkammer-Motor stammte ursprünglich von VW, war aber um einen Zylinder verkürzt worden. Der Verbrauch des Prototyps lag laut den Verbrauchstests der Trabant-Ingenieure um 30 Prozent unter dem der aktuellen Zweitakt-Benziner. Zur gleichen Zeit wurde auch mit der elektronischen Benzin-Saugrohr-Einspritzung experimentiert, die 18 Prozent Kraftstoff-Ersparnis brachte.
Weder der Diesel noch der Benzin-Einspritzer kamen schlussendlich dem 601-Nachfolger zugute. Denn die technischen Probleme beim Diesel waren kaum in den Griff zu bekommen; überdies fehlten die entsprechenden Werkzeugmaschinen und das Elektronik-Know-how. Darum war es zweifelsohne die bessere Entscheidung gewesen, VW Golf Diesel in die DDR zu importieren.

Baureihe:	AWZ Trabant
Modell:	P601 Diesel Limousine (Prototyp)
Bauzeit:	1984
Motor:	3 Zyl. Reihe (Wirbelkammer)
Ventilsteuerung:	keine (Zweitakter)
Hubraum:	1100 ccm
B x H:	76,5 x 86,4 mm
Leistung:	25 kW (34 PS) bei 4500/min
Antrieb:	Vorderräder
Gemischaufb.:	Verteilereinspritzpumpe
Getriebe:	4-Gang-Schaltgetriebe
Bremsen:	Trommeln
Höchstgeschw.:	100 km/h
Leergewicht:	800 kg
Reifen:	145 SR 13
Radstand:	2020 mm
Spur v/h:	1210/1260 mm
L x B x H:	3555 x 1504 x 1437 mm
Anmerkungen:	Stahlskelett, Kunststoff--beplankung, 2türig

AWZ

Baureihe:	AWZ Trabant
Modell:	1.1 Limousine
Bauzeit:	1990–1991
Motor:	4 Zyl. Reihe
Ventilsteuerung:	hängend, obenl. Nockenwelle
Hubraum:	1043 ccm
B x H:	75 x 59 mm
Leistung:	30 kW (40 PS) bei 5300/min
Antrieb:	Vorderräder
Gemischaufb.:	1 Fallstromvergaser Solex 32 TLA
Getriebe:	4-Gang-Schaltgetriebe
Bremsen:	Trommeln
Höchstgeschw.:	125 km/h
Leergewicht:	700 kg
Reifen:	145 R 13, 155/70 SR 13
Radstand:	2020 mm
Spur v/h:	1284/1255 mm
L x B x H:	3521 x 1528 x 1420 mm
Anmerkungen:	Stahlskelett, Kunststoff-beplankung, 2türig

»Mumie mit Herzschrittmacher« nannten manche Spötter den letzten Trabant. Gegenüber dem Vorgänger etwas facegeliftet, hatte er einen VW-Polo-Viertakter quer unter der Motorhaube. Damit wurde er – abgesehen von den Rennausführungen des P601, die bis auf 80 PS kamen – zum schnellsten Trabant-Serienwagen aller Zeiten. Der Motor wurde in VW-Lizenz in Chemnitz/Karl-Marx-Stadt gebaut.
Erstmals verfügte der Trabant nun auch über McPherson-Federbeine vorn und vor-dere Scheibenbremsen. Die Spurweite vorn wuchs gegenüber dem Zweitakter deutlich an. Der Tank saß nunmehr hinten und ließ sich von außen befüllen. Front- und Heckklappe bestanden aus Stahlblech, die vergrößerten Stoßfänger waren aus Kunststoff.
Die Limousine, die nur noch 20 Prozent der Produktion ausmachte, kostete stolze 19.865 Ost-Mark.

AWZ

Noch vor Produktionsbeginn des Serien-Elfhunderters mit Viertakt-Motor schufen die Zwickauer Formgestalter eine Facelift-Alternative. Sie sollte auch stilistisch den technischen Fortschritt markieren, wenngleich allenfalls von einem weiteren Zwischenschritt zu sprechen ist. Denn die Seitenlinie des Trabant blieb unangetastet, während Front und Heck stärker modifiziert wurden, als beispielsweise später beim Caro von IVM.
Eine neue Frontbrille und eine entsprechende Motorhaube sowie neue Stoßfänger gaben dem Trabant tatsächlich ein anderes Gesicht. Die neue Gepäckraum-Klappe reichte bis zum hinteren Kunststoff-Stoßfänger; großvolumige aufrecht stehende Rückleuchten dominierten das Heck. Von diesem Trabant 1.1 Typ E entstand allerdings nur ein Prototyp – das Serienauto behielt die altbackene Form weitgehend bei.

Baureihe:	AWZ Trabant
Modell:	1.1 Typ E Limousine (Prototyp)
Bauzeit:	1989
Motor:	4 Zyl. Reihe
Ventilsteuerung:	hängend, obenl. Nockenwelle
Hubraum:	1043 ccm
B x H:	75 x 59 mm
Leistung:	30 kW (40 PS) bei 5300/min
Antrieb:	Vorderräder
Gemischaufb.:	1 Fallstromvergaser Solex 32 TLA
Getriebe:	4-Gang-Schaltgetriebe
Bremsen:	Trommeln
Höchstgeschw.:	125 km/h
Leergewicht:	700 kg
Reifen:	155/70 SR 13
Radstand:	2020 mm
Spur v/h:	1284/1255 mm
L x B x H:	3521 x 1528 x 1420 mm
Anmerkungen:	Stahlskelett, Kunststoffbeplankung, 2türig

AWZ

Mit dem 1.1 Kombi entsprachen die Zwickauer endlich dem Wunsch der Kunden: 80% davon wurden als Kombi gebaut. Am 21. Mai 1990 lief der insgesamt dreimillionste Trabant vom Band. Nebenan begann aber bereits versuchsweise die Montage des VW Polo.
Bis zur Produktionseinstellung am 30. April 1991 verließen nur noch ingesamt 38.822 Trabant 1.1 das Werk - nur ein Bruchteil der früheren Jahresproduktion, die bei über 100.000 Einheiten gelegen hatte. Der nunmehr offene Markt ließ die meisten DDR-Bürger nach moderneren westlichen Fahrzeugen greifen.

Baureihe:	AWZ Trabant
Modell:	1.1 Kombi »Universal«
Bauzeit:	1990–1991
Motor:	4 Zyl. Reihe
Ventilsteuerung:	hängend, obenl. Nockenwelle
Hubraum:	1043 ccm
B x H:	75 x 59 mm
Leistung:	30 kW (40 PS) bei 5300/min
Antrieb:	Vorderräder
Gemischaufb.:	1 Fallstromvergaser Solex 32 TLA
Getriebe:	4-Gang-Schaltgetriebe
Bremsen:	Trommeln
Höchstgeschw.:	120 km/h
Leergewicht:	735 kg
Reifen:	145 R 13, 155/70 SR 13
Radstand:	2020 mm
Spur v/h:	1284/1255 mm
L x B x H:	3516 x 1560 x 1520 mm
Anmerkungen:	Stahlskelett, Kunststoffbeplankung, 3türig

AWZ

Im Gegensatz zum bisherigen Zweitakt-Tramp gab's den viertaktenden Fun-Kübel mit festverschweißtem Überroll-Käfig aus massiven Stahlrohren, über den dann das Verdeck zu rollen war. Seiten- und Heckpartie blieben – abgesehen vom Tankstutzen – unverändert, die Front erhielt den Look des neuen 1.1 Trabant. Verkaufen ließ sich das neue Auto allerdings nicht, die erhofften Exportaufträge blieben aus.

Baureihe:	AWZ Trabant
Modell:	1.1 Tramp
Bauzeit:	1990–1991
Motor:	4 Zyl. Reihe
Ventilsteuerung:	hängend, obenl. Nockenwelle
Hubraum:	1043 ccm
B x H:	75 x 59 mm
Leistung:	30 kW (40 PS) bei 5300/min
Antrieb:	Vorderräder
Gemischaufb.:	1 Fallstromvergaser Solex 32 TLA
Getriebe:	4-Gang-Schaltgetriebe
Bremsen:	Trommeln
Höchstgeschw.:	120 km/h
Leergewicht:	740 kg
Reifen:	145 R 13, 155/70 SR 13
Radstand:	2020 mm
Spur v/h:	1284/1255 mm
L x B x H:	3615 x 1560 x 1520 mm
Anmerkungen:	Stahlskelett, Stahlblechbeplankung hinten

AWZ

Nach einigen Pickup-Versuchsmustern der P60- und P601-Ära wurde 1990 nochmals die Idee des Pritschenwagens aufgegriffen. Vor dem Eintritt Griechenlands in die Europäische Gemeinschaft hatte man 1980 vergeblich gehofft, eine größere Anzahl Trabant Pickups ans Mittelmeer zu exportieren.
Die Technik war identisch mit der des aktuellen 1.1, der Aufbau stammte bis zur B-Säule vom Kombi. Daran schloss sich ein rund 1 x 1 Meter großer Laderaum an, die Klappe zwischen den Kombi-Rückleuchten war unten angeschlagen.
Zur Serienfertigung des Autos kam es ebenfalls nicht mehr.

Baureihe:	AWZ Trabant
Modell:	1.1 Pick-up
Bauzeit:	1990
Motor:	4 Zyl. Reihe
Ventilsteuerung:	hängend, obenl. Nockenwelle
Hubraum:	1043 ccm
B x H:	75 x 59 mm
Leistung:	30 kW (40 PS) bei 5300/min
Antrieb:	Vorderräder
Gemischaufb.:	1 Fallstromvergaser Solex 32 TLA
Getriebe:	4-Gang-Schaltgetriebe
Bremsen:	Trommeln
Höchstgeschw.:	125 km/h
Leergewicht:	740 kg
Reifen:	145 R 13
Radstand:	2020 mm
Spur v/h:	1284/1255 mm
L x B x H:	3520 x 1515 x 1528 mm
Anmerkungen:	Stahlskelett, Kunststoffbeplankung, Pritsche

AWZ

Zur Leipziger Herbstmesse 1990 präsentierte Sachsenring eine Last Edition, die technisch mit dem Trabant 1.1 übereinstimmte. In Zusammenarbeit mit IVM Engineering (München) wurde lediglich die Optik überarbeitet, wobei die Grundelemente weitgehend beibehalten blieben. Die Müchner Firma war und ist Spezialist für den Prototypenbau.
Jährlich sollten 100.000 Einheiten des Trabant Caro entstehen – zwischen 8000 und 15.000 DM teuer. Der Tramp sollte für 12.980 DM zu haben sein. Der Serienbeginn Ende 1990 unterblieb jedoch, weil die Finanzierung nicht stand.

Baureihe:	AWZ Trabant
Modell:	1.1 Caro Limousine, Pickup, Tramp
Bauzeit:	1990
Motor:	4 Zyl. Reihe
Ventilsteuerung:	hängend, obenl. Nockenwelle
Hubraum:	1043 ccm
B x H:	75 x 59 mm
Leistung:	30 kW (40 PS) bei 5300/min
Antrieb:	Vorderräder
Gemischaufb.:	1 Fallstromvergaser Solex 32 TLA
Getriebe:	4-Gang-Schaltgetriebe
Bremsen:	Trommeln
Höchstgeschw.:	120 - 125 km/h
Leergewicht:	700 - 730 kg
Reifen:	145 R 13, 155/70 SR 13
Radstand:	2020 mm
Spur v/h:	1284/1255 mm
L x B x H:	wie Trabant 1.1
Anmerkungen:	Stahlskelett, Stahlblechbeplankung hinten

Sachsenring Uni 1

Nach der Liquidation des Automobilwerks Zwickau wurden die Einzelbestandteile des früheren Trabant-Herstellers entweder geschlossen oder weiterveräußert. Das Sachsenring-Werk lebte ab 1993 als Sachsenring Automobiltechnik AG wieder auf, die Geschäftsführung oblag den Brüdern Rittinghaus. Das Unternehmen übernahm einige Automobilzulieferer im Westen Deutschlands (u.a. den Spezialisten für gepanzerte Fahrzeuge Trasco) und hatte überdies vor, ein Hybridauto auf den Markt zu bringen. 1996 wurde der überraschten Öffentlichkeit der Prototyp Uni 1 vorgestellt, aus dem eine ganze Modellfamilie (beispielsweise als siebensitziger Taxi-Großraumkombi, als Pick-up und als Limousine) erwachsen sollte. Den Basisantrieb hätte ein VW-TDI übernommen, dazu kam eine 30 kW-Synchron-Elektromaschine.

Baureihe:	Sachsenring
Modell:	Uni 1
Bauzeit:	1996
Motor:	Dieselmotor (VW) plus E-Maschine (Hybrid)
Hubraum:	1896 ccm
Leistung:	66 kW (90 PS) für TDI-Motor, 30 kW für E-Maschine
Antrieb:	Vorderräder
Getriebe:	5-Gang-Schaltgetriebe (automatisiert)
Bremsen:	Scheiben
Höchstgeschw.:	175 km/h
Leergewicht:	1700 kg
L x B x H:	4380 x 1810 x 1690 mm
Batterien:	15 kWh Natrium-Nickel-Chlorid-Batterien (200 kg)
Reichweite:	95 km

Damit wäre Sachsenring seiner Zeit weit voraus gewesen. Aber 2002 musste das Unternehmen Insolvenz anmelden, mittlerweile sind Gerichtsverfahren gegen die einstige Geschäftsführung anhängig.

New Trabi

2007 feierte der Trabant seinen fünfzigsten Geburtstag – sie gipfelte in einer großen Jubiläumsparade in Zwickau. Automodell-Spezialist Herpa aus dem bayerischen Dietenhofen beging das Jubiläum auf eine andere Weise: Der fränkische Miniaturenhersteller stellte auf der IAA in Frankfurt das himmelblau lackierte 1:10-Modell eines künftigen Trabant-Nachfolgers vor, die entsprechenden Namensrechte sind bereits gesichert. Derzeit sucht Vertriebeschef Klaus Schindler Produktionsräumlichkeiten und verhandelt mit Investoren und Technikzulieferern. Schindler will den stilistisch gründlich renovierten New Trabi zu einem modernen Innovationsträger, nicht zu einem ostalgischen Retromobil machen – wenn das glückt, könnte sein Plan Wirklichkeit werden. Mehr als 10.000 Fans signalisierten bereits Interesse an so einem Auto. Interne Planungen gehen davon aus, dass schon bei 250 Autos pro Jahr gewinnbringend produziert werden könnte.

Modell:	New Trabi
Bauzeit:	nach 2008 (Modell von 2007)
Motor:	Benzinmotor und E-Maschine (Hybrid)
Leistung:	mindestens 44 kW (60 PS)
Antrieb:	Vorderräder
Getriebe:	5-Gang-Schaltgetriebe
Bremsen:	Scheiben
Höchstgeschw.:	rund 140 km/h
Leergewicht:	rund 900 kg
L x B x H:	etwa 3800 x 1550 x 1450 mm
Anmerkungen:	bisher nur Modell 1:10

Awtowelo BMW

Noch vor Aufnahme der Produktion des Stammhauses BMW in München begann in Eisenach der Bau einiger BMW-Vorkriegstypen. Sie waren auch ursprünglich hier in Eisenach hergestellt worden, die Karosserien wurden damals zugeliefert.
Im Auftrag der sowjetischen Besatzungsmacht wurde zunächst der kleine Sechszylinderwagen Typ 321 wiederaufgelegt ausschließlich als Limousine. Die meisten der 8996 Zweitürer gingen in die Sowjetunion, einige auch ins westliche Ausland. Als Verrechnungspreis galten 7600 Mark.

Baureihe:	Awtowelo BMW
Modell:	321 Limousine
Bauzeit:	1945–1950
Motor:	6 Zyl. Reihe
Ventilsteuerung:	hängend, seitl. Nockenwelle
Hubraum:	1971 ccm
B x H:	66 x 96 mm
Leistung:	33 kW (45 PS) bei 3750/min
Antrieb:	Hinterräder
Gemischaufb.:	1 Steigstromvergaser Solex 30 BLVS
Getriebe:	4-Gang-Schaltgetriebe
Bremsen:	Trommeln
Höchstgeschw.:	115 km/h
Leergewicht:	1000 kg
Reifen:	5.25-16
Radstand:	2750 mm
Spur v/h:	1300/1300 mm
L x B x H:	4470 x 1570 x 1650 mm
Anmerkungen:	Stahlkarosserie, 2türig

Awtowelo BMW

Der ab 1936 gebaute 326 war der erste größere und gleichzeitig der meistverkaufte BMW der Vorkriegszeit. Ausschließlich für sowjetische Dienststellen in Ostdeutschland wurde eine kleine Anzahl der viertürigen Limousinen gebaut.
Genau wie beim 321 kam die Karosserie ursprünglich von Ambi-Budd in Berlin; die entsprechenden Werkzeuge wurden von den Sowjets sicher gestellt und nach Thüringen gebracht.

Baureihe:	Awtowelo BMW
Modell:	326 Limousine
Bauzeit:	1946–1947
Motor:	6 Zyl. Reihe
Ventilsteuerung:	hängend, seitl. Nockenwelle
Hubraum:	1971 ccm
B x H:	66 x 96 mm
Leistung:	37 kW (50 PS) bei 3750/min
Antrieb:	Hinterräder
Gemischaufb.:	2 Flachstromvergaser Solex 26 BFLV
Getriebe:	4-Gang-Schaltgetriebe
Bremsen:	Trommeln
Höchstgeschw.:	115 km/h
Leergewicht:	1125 kg
Reifen:	5.50-16
Radstand:	2870 mm
Spur v/h:	1300/1400 mm
L x B x H:	4600 x 1600 x 1500 mm
Anmerkungen:	Stahlkarosserie, 4türig

Awtowelo BMW

Auf dem Chassis des BMW 326 basierte der ab 1949 produzierte 340. Er verfügte über die modernisierte Karosserie des BMW 326, die jetzt formal an den englischen Bristol erinnerte. Der Vorderwagen präsentierte sich komplett neu, Heck und Interieur waren überarbeitet worden. Genau wie beim 326 blieb's bei der geteilten Frontscheibe. Die Leistung des 2,0-Liter-Wagens stieg gegenüber dem 326 um 5 PS.

Ende 1949 verließen die ersten 250 Wagen das Werk, nachdem im Vorjahr ein Langstrecken-Test mit zehn Prototypen erfolgreich gelaufen war. Zwischen 1949 und 1951 dürften rund 6300 Einheiten des wuchtigen Viertürers entstanden sein. Der Preis lag bei rund 15.000 Mark.

Baureihe:	Awtowelo BMW
Modell:	340 Limousine
Bauzeit:	1949–1951
Motor:	6 Zyl. Reihe
Ventilsteuerung:	hängend, seitl. Nockenwelle
Hubraum:	1971 ccm
B x H:	66 x 96 mm
Leistung:	40 kW (55 PS) bei 3750/min
Antrieb:	Hinterräder
Gemischaufb.:	2 Fallstromvergaser Solex 32 PBI
Getriebe:	4-Gang-Schaltgetriebe
Bremsen:	Trommeln
Höchstgeschw.:	120 km/h
Leergewicht:	1280 kg
Reifen:	5.50-16
Radstand:	2870 mm
Spur v/h:	1300/1400 mm
L x B x H:	4600 x 1765 x 1630 mm
Anmerkungen:	Stahlkarosserie, 4türig

Awtowelo BMW

Angesichts der nur langsam anlaufenden Pkw-Produktion auch im Westen Deutschlands witterten die Eisenacher ihre Chance für den devisenträchtigen Export. Darum stellten sie schon 1949 mehrere BMW-Varianten vor. Noch mit BMW-Kühlergrill ausgestattet war der 342-1. Die Münchner begannen damals die juristischen Auseinandersetzungen mit der ostdeutschen Firma, wer denn nun berechtigt sei, das BMW-Logo zu nutzen.

Baureihe:	Awtowelo BMW
Modell:	342-1 Limousine (Prototyp)
Bauzeit:	1949
Motor:	6 Zyl. Reihe
Ventilsteuerung:	hängend, seitl. Nockenwelle
Hubraum:	1971 ccm
B x H:	66 x 96 mm
Leistung:	40 kW (55 PS) bei 3750/min
Antrieb:	Hinterräder
Gemischaufb.:	2 Fallstromvergaser Solex 32 PBI
Getriebe:	4-Gang-Schaltgetriebe
Bremsen:	Trommeln
Höchstgeschw.:	120 km/h
Leergewicht:	1280 kg
Reifen:	5.50-16
Radstand:	2870 mm
Spur v/h:	1300/1400 mm
L x B x H:	4600 x 1730 x 1630 mm
Anmerkungen:	Stahlkarosserie, 4türig

Awtowelo BMW

Zweites Ausstellungsmodell der Thüringer war der 342-2 mit auffälligem Haifisch-Grill. Ansonsten war er identisch mit dem 342-1. Dies betraf das große Heckfenster anstelle der geteilten hinteren Scheibe wie beim Serien-340. Die vorderen Kotflügel waren gerade durchgezogen, alle Türen vorn angeschlagen. Keines der beiden 342-Modelle ging in die Serienproduktion – die Nachfrage hatte sich als zu gering erwiesen.

Baureihe:	Awtowelo BMW
Modell:	342-2 Limousine (Prototyp)
Bauzeit:	1949
Motor:	6 Zyl. Reihe
Ventilsteuerung:	hängend, seitl. Nockenwelle
Hubraum:	1971 ccm
B x H:	66 x 96 mm
Leistung:	40 kW (55 PS) bei 3750/min
Antrieb:	Hinterräder
Gemischaufb.:	2 Fallstromvergaser Solex 32 PBI
Getriebe:	4-Gang-Schaltgetriebe
Bremsen:	Trommeln
Höchstgeschw.:	120 km/h
Leergewicht:	1280 kg
Reifen:	5.50-16
Radstand:	2870 mm
Spur v/h:	1300/1400 mm
L x B x H:	4600 x 1730 x 1630 mm
Anmerkungen:	Stahlkarosserie, 4türig

Awtowelo BMW

Noch ein Ausstellungsexemplar präsentierte die sowjetisch-deutsche Aktiengesellschaft (Awtowelo) 1951 mit dem Typ 343: Hier hatte man ganz offensichtlich Anleihen beim US-Styling genommen – und hoffte, damit die Exportchancen Richtung Westeuropa zu erhöhen.
Immerhin war auch das Fahrwerk mit Schraubenfedern und Teleskop- statt der alten Kolben-Stoßdämpfer überarbeitet worden. Die Motorleistung der Zweiliter-Maschine wurde auf 65 PS gesteigert. Aber auch dieses Auto ging nicht in Serie.

Baureihe:	Awtowelo BMW
Modell:	343 Limousine (Prototyp)
Bauzeit:	1951
Motor:	6 Zyl. Reihe
Ventilsteuerung:	hängend, seitl. Nockenwelle
Hubraum:	1971 ccm
B x H:	66 x 96 mm
Leistung:	48 kW (65 PS) bei 4000/min
Antrieb:	Hinterräder
Gemischaufb.:	2 Fallstromvergaser Solex 32 PBI
Getriebe:	4-Gang-Schaltgetriebe
Bremsen:	Trommeln
Höchstgeschw.:	120 km/h
Leergewicht:	1280 kg
Reifen:	5.50-16
Radstand:	2870 mm
Spur v/h:	1300/1400 mm
L x B x H:	4600 x 1730 x 1630 mm
Anmerkungen:	Stahlkarosserie, 4türig

Awtowelo 351

Baureihe:	Awtowelo
Modell:	351
Bauzeit:	1951
Motor:	6 Zyl. Reihe
Ventilsteuerung:	hängend, seitl. Nockenwelle
Hubraum:	1971 ccm
Leistung:	40 kW (54 PS)
Antrieb:	Hinterräder
Getriebe:	4-Gang-Schaltgetriebe
Bremsen:	Trommeln
Höchstgeschw.:	125 km/h
Leergewicht:	rund 1200 kg
Radstand:	rund 2700 mm
L x B x H:	rund 4500 x 1720 x 1610 mm
Anmerkungen:	1 Prototyp

Es konnte den Verantwortlichen in der Sowjetischen Besatzungszone nicht so recht gefallen, dass im Automobilwerk Eisenach auf Basis einer Vorkriegskonstruktion von BMW weitere Modelle entwickelt wurden. Darum beauftragten die sowjetischen Besatzer das »Wissenschaftliche Büro für Automobilbau der UdSSR« (WTB) mit einer Alternative. Bei dieser Behörde handelte es sich aber keineswegs um ein Ingenieurunternehmen in der UdSSR, sondern um die frühere Entwicklungs- und Denk-»Fabrik« der Auto Union in Chemnitz, deren Mitarbeiter kurzerhand übernommen wurden. Sie entwickelten übrigens auch die Zwölfzylinder-Silberpfeile weiter, die später unter sowjetischer Flagge starten sollten – was jedoch gründlich misslang. Es dauerte bis 1951, bis der sehr sachlich und modern gezeichnete Prototyp Awtowelo 351 auf den Rädern stand. Das voll fahrfertige Auto verfügte zwar über den Zweiliter-Sechszylinder von BMW, der aber dank einer Zweivergaseranlage und anderer Maßnahmen modifiziert worden war. Angehängt an dieses Projekt war ein Folge-Entwurf aus Eisenach als Standmodell im Maßstab 1:1. Zu einer Serieneinführung kam es nicht mehr, weil kurz darauf das Eisenacher Werk wieder in deutsche Hände ging, die Sowjets hatten jedes Interesse an der Entwicklung eines neuen Autos für die DDR verloren.

IFA EMW

In Anlehnung an die BMW-Kriegskonstruktion »Einheits-Pkw Kfz 3 Typ 325« entstand 1952 bei EMW das vereinfachte Allrad-Fahrzeug P1 mit 2,0 Liter-Reihen-Sechszylinder. Geprüft wurde zuvor auch eine Nachauflage des »Einheits-Pkw Typ 40« von Horch mit 3,5 Liter-V8. Für den insgesamt 161 mal gebauten P1 wurde die seinerzeit von BMW verwendete Vierradlenkung nicht realisiert. Zahnstangenlenkung und Drehstabfederung stammten vom EMW 340-2. Er war generell Basis für den mittels zweier Kardanwellen angetriebenen Geländewagen, wobei der Radstand reduziert wurde. Anfangs sollte sich der Wagen mit einem Einfach-Vergaser und 45 PS (aber dafür 13 kgm Drehmoment) bescheiden, bekam aber schließlich doch 55 PS. Das mit Geländebereifung, Klappverdeck, Suchscheinwerfer, aber ohne Türen versehene Fahrzeug verfügte über fünf Sitzplätze.

Baureihe:	IFA EMW
Modell:	P1 Sonder-Pkw 325-3 Kübelwagen
Bauzeit:	1952
Motor:	6 Zyl. Reihe
Ventilsteuerung:	hängend, seitl. Nockenwelle
Hubraum:	1971 ccm
B x H:	66 x 96 mm
Leistung:	40 kW (55 PS) bei 3750/min
Antrieb:	Vorder- und Hinterräder
Gemischaufb.:	2 Fallstromvergaser Pallas F323-1
Getriebe:	4-Gang-Schaltgetriebe und Vorgelege
Bremsen:	Trommeln
Höchstgeschw.:	77 km/h
Leergewicht:	1775 kg
Reifen:	6.50-16
Radstand:	2250 mm
Spur v/h:	1300/1400 mm
L x B x H:	3900 x 1690 x 1900 mm
Anmerkungen:	Stahlkarosserie

IFA EMW

Ende 1951 wurde den Eisenachern das Recht abgesprochen, den Namen BMW weiter zu nutzen. Gleichzeitig gaben die Sowjets das Werk an die Ostdeutschen zurück. Alle ab 1952 produzierten Autos trugen nun den Namen EMW – Eisenacher Motoren-Werke – im weiß-roten Logo (bisher weiß-blau). Der aktuelle EMW 340/2 leistete 57 statt 55 PS und kam mit deutlich verbesserter Innenausstattung (durchgehende vordere Bank, glatte Polsterung, wirksamere Heizung/Lüftung) daher. Der Preis lag nur wenig über 15.000 Mark.
Insgesamt entstanden zwischen 1951 und 1955 exakt 12.775 EMW-Limousinen.

Baureihe:	IFA EMW
Modell:	340/2 Limousine
Bauzeit:	1951–1955
Motor:	6 Zyl. Reihe
Ventilsteuerung:	hängend, seitl. Nockenwelle
Hubraum:	1971 ccm
B x H:	66 x 96 mm
Leistung:	42 kW (57 PS) bei 3750/min
Antrieb:	Hinterräder
Gemischaufb.:	2 Fallstromvergaser BVF F323-1
Getriebe:	4-Gang-Schaltgetriebe
Bremsen:	Trommeln
Höchstgeschw.:	120 km/h
Leergewicht:	1280 kg
Reifen:	5.50-16
Radstand:	2870 mm
Spur v/h:	1300/1400 mm
L x B x H:	4600 x 1730 x 1630 mm
Anmerkungen:	Stahlkarosserie, 4türig

IFA EMW

Etwa ein Viertel der Sonderausführungen des Typs 340 entfiel auf den Sanitätswagen. Ihre Fertigung begann erst 1951. Der Aufbau mit der großen Hecktür stammte vom VEB Karosseriewerke Halle (vormals Kathe & Sohn). Bis 1953 enstanden 533 Krankenfahrzeuge auf 340-Basis.

Baureihe:	IFA EMW
Modell:	340-4 Sanitätswagen
Bauzeit:	1951–1953
Motor:	6 Zyl. Reihe
Ventilsteuerung:	hängend, seitl. Nockenwelle
Hubraum:	1971 ccm
B x H:	66 x 96 mm
Leistung:	40 kW (55 PS) bei 3750/min; ab 1952: 42 kW (57 PS) bei 3750/min
Antrieb:	Hinterräder
Gemischaufb.:	2 Fallstromvergaser BVF F323-1
Getriebe:	4-Gang-Schaltgetriebe
Bremsen:	Trommeln
Höchstgeschw.:	120 km/h
Leergewicht:	1400 kg
Reifen:	6.00-16
Radstand:	2884 mm
Spur v/h:	1300/1400 mm
L x B x H:	4850 x 1825 x 1700 mm
Anmerkungen:	Stahl-Karosserie, 3türig

IFA EMW

Weitere 844 Kastenlieferwagen bildeten den Großteil der EMW 340-Sonderversionen – auch diese zweisitzigen Aufbauten entstanden in Halle.
Ab der B-Säule war massives Holz für einen Laderaum zusammengefügt worden, in dem sich bis zu einer halben Tonne Last befördern ließ. Das Ladeabteil innen war kunstlederbezogen. Etwa 50 Kastenlieferwagen wurden ab Werk als »Landfilmwagen« ausgestattet.

Baureihe:	IFA EMW
Modell:	340-3 Kastenlieferwagen/ 340-7 Kombiwagen
Bauzeit:	1951–1955
Motor:	6 Zyl. Reihe
Ventilsteuerung:	hängend, seitl. Nockenwelle
Hubraum:	1971 ccm
B x H:	66 x 96 mm
Leistung:	40 kW (55 PS) bei 3750/min; ab 1952: 42 kW (57 PS) bei 3750/min
Antrieb:	Hinterräder
Gemischaufb.:	2 Fallstromvergaser BVF F323-1
Getriebe:	4-Gang-Schaltgetriebe
Bremsen:	Trommeln
Höchstgeschw.:	120 km/h
Leergewicht:	1350 kg
Reifen:	6.00-16
Radstand:	2884 mm
Spur v/h:	1300/1400 mm
L x B x H:	4850 x 1825 x 1660 mm
Anmerkungen:	Holz-Stahl-Karosserie, 3türig

Nur in geringer Stückzahl entstand der EMW 340-7 Kombi; auch sein Aufbau stammte aus Halle.
Unverständlicherweise verfügten nur Fahrer und Beifahrer über Türen; für die Hinterbänkler musste die durchgehende vordere Sitzbank umgelegt werden.
Die heute sehr populäre Kombi-Konzeption erfreute sich damals in Europa kaum echter Nachfrage – entweder wollten die Käufer in dieser Preisklasse repräsentative Limousinen oder reine Nutzfahrzeuge. Der Kombi kostete seinerzeit 14.835 Mark.

Awtowelo BMW/ IFA EMW

Weil die Karosseriewerkzeuge des Vorkriegscabrios BMW 327 im Ostberliner Stadtteil Johannisthal sicher gestellt werden konnten, wurden in Eisenach von 1948 bis 1950 probehalber 16 Autos montiert. Sie erhielten die Bezeichnung BMW 327/1.
Ausgeliefert wurde ausschließlich die 55-PS-Version des 327, nun bestückt mit dem Motor des neuen BMW 340. Der Karosserieaufbau blieb identisch mit dem der 50-PS-Vorkriegsvariante. An eine 80-PS-Version auf Basis des alten 2,0-Liter-Triebwerks wurde nie gedacht. Auch BMW in München beschäftigte sich nicht mit dieser Aufgabe.
Erstmals gezeigt wurde der 2+2sitzige BMW 327/1 auf der Radeberger Leistungsschau Ende 1949.

Baureihe:	Awtowelo BMW
Modell:	327 Cabriolet
Bauzeit:	1948–1952
Motor:	6 Zyl. Reihe
Ventilsteuerung:	hängend, seitl. Nockenwelle
Hubraum:	1971 ccm
B x H:	66 x 96 mm
Leistung:	40 kW (55 PS) bei 3750/min
Antrieb:	Hinterräder
Gemischaufb.:	2 Fallstromvergaser Solex 32 PBI
Getriebe:	4-Gang-Schaltgetriebe
Bremsen:	Trommeln
Höchstgeschw.:	125 km/h
Leergewicht:	1150 kg
Reifen:	5.50-16
Radstand:	2750 mm
Spur v/h:	1300/1300 mm
L x B x H:	4500 x 1600 x 1420 mm
Anmerkungen:	Stahlkarosserie, 2türig

IFA EMW

Baureihe:	IFA EMW
Modell:	327/2 Cabriolet
Bauzeit:	1952–1955
Motor:	6 Zyl. Reihe
Ventilsteuerung:	hängend, seitl. Nockenwelle
Hubraum:	1971 ccm
B x H:	66 x 96 mm
Leistung:	42 kW (57 PS) bei 3750/min
Antrieb:	Hinterräder
Gemischaufb.:	2 Fallstromvergaser BVF F323-1
Getriebe:	4-Gang-Schaltgetriebe
Bremsen:	Trommeln
Höchstgeschw.:	125 km/h
Leergewicht:	1150 kg
Reifen:	5.50-16
Radstand:	2750 mm
Spur v/h:	1300/1300 mm
L x B x H:	4500 x 1600 x 1420 mm
Anmerkungen:	Stahlkarosserie, 2türig

Die Fertigung des weiterentwickelten Cabriolets begann Mitte 1952 in Dresden. Im Unterschied zur alten Ausführung hatte der 327 nun durchgehende Stoßfänger und eine hinten angeschlagene Alligator-Motorhaube – geöffnet wurde nur die eigentliche Klappe, die Seitenteile blieben stehen. Bisher waren sie an einem Mittelsteg befestigt, wer an den Motor wollte, schwenkte die Seiten einzeln hoch. Die Türen waren wie schon bei der Vorkriegs-Version vorn angeschlagen. Aber nun waren die Winker in die B-Säule gewandert.
In Dresden sollten bis 1955 ganze 491 Exemplare des zeitlos schönen Autos entstehen. Nunmehr mit EMW-Logo, 57-PS-Motor (aus dem EMW 340/2) und Ölkühler ausgestattet, ging der 327/2 auch in den Export - vor allem in die Benelux-Staaten.
Das Cabriolet erfreute sich aber auch bei hochdekorierten DDR-VIPs wie Bertold Brecht und Johannes R. Becher großer Beliebtheit. Es kostete in der DDR 17.740 Mark.

IFA EMW

Nachdem Anfang 1952 die Produktion des Cabrios von Eisenach ins Karosseriewerk Dresden verlagert worden war, wurde in der zweiten Jahreshälfte auch die Fertigung des Coupés EMW 327/3 aufgenommen.
Anders als beim Vorkriegsmodell waren die Türen nunmehr vorn angeschlagen. Das Heckfenster war bedeutend größer, im Cockpit thronten die EMW 340-Instrumente.
Neu war die auf 57 PS gesteigerte Motorleistung des jetzt mit BVF-Vergasern ausgestatteten Autos.
Bis 1955 entstanden nur 152 Exemplare; davon lediglich drei im letzten Jahr seiner Produktion; eines davon hatte der belgische König geordert.
Das Coupé kostete 18.590 Mark.

Baureihe:	IFA EMW
Modell:	327/3 Coupé
Bauzeit:	1952–1955
Motor:	6 Zyl. Reihe
Ventilsteuerung:	hängend, seitl. Nockenwelle
Hubraum:	1971 ccm
B x H:	66 x 96 mm
Leistung:	42 kW (57 PS) bei 3750/min
Antrieb:	Hinterräder
Gemischaufb.:	2 Fallstromvergaser BVF F323-1
Getriebe:	4-Gang-Schaltgetriebe
Bremsen:	Trommeln
Höchstgeschw.:	125 km/h
Leergewicht:	1150 kg
Reifen:	5.50-16
Radstand:	2750 mm
Spur v/h:	1300/1300 mm
L x B x H:	4500 x 1600 x 1420 mm
Anmerkungen:	Stahlkarosserie, 2türig

IFA EMW/AWE

Auf Basis des bisherigen F9, der seit 1953 in Eisenach hergestellt wurde, entstanden ein Jahr später zwei modernisierte Unikate. Sie vereinten Stylingmerkmale des bisherigen F9 (z.B. die hinteren Kotflügel), zeichneten sich aber vor allem durch neue Formen aus, die sich später im Wartburg 311 wiederfanden. Durch den kürzeren Radstand des F9 wirkten die Prototypen nicht so gefällig wie die Serien-311, deren Achsen dann zehn Zentimeter weiter auseinander gesetzt wurden.
Genau wie der F9 verfügte der Aufbau nur über zwei Türen, die Panorama-Heckscheibe ähnelte der des großen DKW 3=6, der im Westen Deutschlands hergestellt wurde.

Baureihe:	IFA EMW/AWE
Modell:	F9/P Limousine (Prototyp)
Bauzeit:	1954
Motor:	3 Zyl. Reihe
Ventilsteuerung:	keine (Zweitakter)
Hubraum:	900 ccm
B x H:	70 x 78 mm
Leistung:	21 kW (28 PS) bei 3600/min
Antrieb:	Vorderräder
Gemischaufb.:	1 Flachstromvergaser BVF H 32/0
Getriebe:	4-Gang-Schaltgetriebe
Bremsen:	Trommeln
Höchstgeschw.:	110 km/h
Leergewicht:	950 kg
Reifen:	5.00-16
Radstand:	2350 mm
Spur v/h:	1184/1260 mm
L x B x H:	4300 x 1600 x 1450 mm
Anmerkungen:	Stahlkarosserie, Panorama-Heckscheibe, 2türig

AWE

Fahrwerk und Motor des neuen Wartburg 311 stammten weitgehend vom bisherigen F9. Nunmehr viertürig, mit größerem Radstand, weniger stark gewölbten hinteren Kotflügeln und gesteigerter Motorleistung markierte das Auto den Einstieg in die Mittelklasse.
Erkennbar ist die frühe Wartburg-Ausführung am horizontal betonten, niedrigen Grillgitter und dem farbigen AWE-Logo. Von Anfang an wurde neben der Standard-Version (311-0) auch diese Luxus-Variante (311-1) angeboten. Das neue Auto war ab 14.700 Mark zu haben.
Bereits auf der Leipziger Frühjahrsmesse 1956 vorgestellt wurde das zweitürige 311 Cabrio. Das 2+2sitzige Fahrzeug war zweifarbig lackiert, Tür- und hintere Seitenscheiben ließen sich versenken. Das dickgepolsterte Verdeck und die Ledersitze waren sehr sorgfältig gearbeitet – schließlich ging ein guter Teil jener nicht ganz billigen Autos in den Export.
Der Aufbau des Cabrios entstand in Dresden. 16.370 Mark kostete das Fahrzeug; im Westen Deutschlands wurden dafür 7100 Mark verlangt.

Baureihe:	AWE Wartburg
Modell:	311-0/1 Limousine/ 311-2 Cabriolet
Bauzeit:	1956–1958
Motor:	3 Zyl. Reihe
Ventilsteuerung:	keine (Zweitakter)
Hubraum:	900 ccm
B x H:	70 x 78 mm
Leistung:	27 kW (37 PS) bei 4000/min
Antrieb:	Vorderräder
Gemischaufb.:	1 Flachstromvergaser BVF H 362
Getriebe:	4-Gang-Schaltgetriebe
Bremsen:	Trommeln
Höchstgeschw.:	115 km/h
Leergewicht:	960 kg/1010 kg
Reifen:	5.90-15
Radstand:	2450 mm
Spur v/h:	1190/1260 mm
L x B x H:	4300x1570x1450/1460 mm
Anmerkungen:	Stahlkarosserie, 4türig/2türig

AWE

Nur zwei Unikate entstanden vom 311 Landaulet namens »Bellevue« (schöner Ausblick). Über den Frontraum spannte sich ein Plexiglas-Dach (Piacryl), der rückwärtige Bereich des Wagens verfügte über ein textiles Klappverdeck. Das vom Karosseriewerk Halle aufgebaute Auto wurde 1957 in Brüssel gezeigt. Beide Exponate fanden noch auf der Messe ihre Käufer.
Zu einer Serienproduktion des Zweitürers kam es nicht, da der parallel entwickelten Camping Limousine mehr Absatzchancen eingeräumt wurden – völlig zu Recht, wie sich später herausstellen sollte.

Baureihe:	AWE Wartburg
Modell:	311-6 Bellevue (Prototyp)
Bauzeit:	1957
Motor:	3 Zyl. Reihe
Ventilsteuerung:	keine (Zweitakter)
Hubraum:	900 ccm
B x H:	70 x 78 mm
Leistung:	27 kW (37 PS) bei 4000/min
Antrieb:	Vorderräder
Gemischaufb.:	1 Flachstromvergaser BVF H 362
Getriebe:	4-Gang-Schaltgetriebe
Bremsen:	Trommeln
Höchstgeschw.:	115 km/h
Leergewicht:	1000 kg
Reifen:	5.90-15
Radstand:	2450 mm
Spur v/h:	1190/1260 mm
L x B x H:	4300 x 1570 x 1460 mm
Anmerkungen:	Stahlkarosserie, 2türig

AWE

Noch mit geteilten Stoßfängern und farbigem AWE-Logo, aber schon mit dem neuen, größeren Ziergitter erschien 1958 die überarbeitete Wartburg-Palette. Ab 1960 erhielten die Fahrzeuge dreiteilig-durchgehende Stoßfänger, 1961 erfolgte die Leistungssteigerung des 900 ccm-Motors auf 40 PS.
Wichtigstes Wartburg-Modell war zweifelsohne die Limousine, die es laut Katalog in den folgenden Farben gab:
Einfarbig in Koralle, Schwarz, Vergißmeinnichtblau, Seidengrün, Elfenbein, Horizontgrau und Dunkelblau.
Und zweifarbig abgesetzt in Koralle-Elfenbein, Schwarz-Elfenbein, Vergißmeinnichtblau-Elfenbein, Seidengrün-Elfenbein, Horizontgrau-Elfenbein, Elfenbein-Koralle, Saharagelb-Elfenbein sowie Dunkelblau-Elfenbein.

Baureihe:	AWE Wartburg
Modell:	311-0/1 Limousine
Bauzeit:	1958–1961
Motor:	3 Zyl. Reihe
Ventilsteuerung:	keine (Zweitakter)
Hubraum:	900 ccm
B x H:	70 x 78 mm
Leistung:	27 kW (37 PS) bei 4000/min; ab 1959: 28 kW (38 PS), ab 1961: 29 kW (40 PS)
Antrieb:	Vorderräder
Gemischaufb.:	1 Flachstromvergaser BVF H 362
Getriebe:	4-Gang-Schaltgetriebe
Bremsen:	Trommeln
Höchstgeschw.:	115 km/h
Leergewicht:	960 kg
Reifen:	5.90-15
Radstand:	2450 mm
Spur v/h:	1190/1260 mm
L x B x H:	4300 x 1570 x 1450 mm
Anmerkungen:	Stahlkarosserie, 4türig

AWE

Ausgesprochen elegant gab sich das grundsätzlich zweifarbige Reise-Coupé mit dem großen Panorama-Heckfenster. Es kostete 16.700 Mark. Der Aufbau mit den vollversenkbaren Seitenfenstern (Scheibenrahmen nicht feststehend) kam anfangs aus Meerane, ab 1960 als Ablösung des Cabrios aus Dresden. Genau wie die anderen Fahrzeuge des Wartburg-Programms machte das Coupé alle technischen und optischen Modifikationen getreulich mit. Bis zum Wechsel auf den neuen Einliter-Motor 1962 gelangten 150.000 Wartburg auf die Straßen – davon allerdings nur eine kleine Zahl zweitüriger Ausführungen.

Baureihe:	AWE Wartburg
Modell:	311/3 Reise-Coupé
Bauzeit:	1957–1961
Motor:	3 Zyl. Reihe
Ventilsteuerung:	keine (Zweitakter)
Hubraum:	900 ccm
B x H:	70 x 78 mm
Leistung:	27 kW (37 PS) bei 4000/min; ab 1959: 28 kW (38 PS) ab 1961: 29 kW (40 PS)
Antrieb:	Vorderräder
Gemischaufb.:	1 Flachstromvergaser BVF H 362
Getriebe:	4-Gang-Schaltgetriebe
Bremsen:	Trommeln
Höchstgeschw.:	115 km/h
Leergewicht:	1010 kg
Reifen:	5.90-15
Radstand:	2450 mm
Spur v/h:	1190/1260 mm
L x B x H:	4210 x 1570 x 1450 mm
Anmerkungen:	Stahlkarosserie, 2türig

AWE

Ab 1958 gab's das viersitzige Cabrio mit dem neuen Kühlergrill. Ein Jahr später kamen die parallelen statt der gegenläufigen Scheibenwischer – dies natürlich auch für alle anderen Wartburg-Typen.
Die ab Dezember 1960 in alle Wartburg-Modelle installierten IFA Einheits-Scheinwerfer erhielt das Cabrio nicht mehr – weil zu diesem Zeitpunkt nach insgesamt 1990 offenen Viersitzern (davon rund 600 zwischen 1958 und 1960) die Produktion eingestellt wurde. Die offizielle Begründung dafür lautete: »zu geringe Nachfrage«. Tatsächlich dürfte die Fertigung zu teuer geworden sein.

Baureihe:	AWE Wartburg
Modell:	311/2 Cabriolet
Bauzeit:	1958–1960
Motor:	3 Zyl. Reihe
Ventilsteuerung:	keine (Zweitakter)
Hubraum:	900 ccm
B x H:	70 x 78 mm
Leistung:	27 kW (37 PS) bei 4000/min, ab 1959: 28 kW (378PS)
Antrieb:	Vorderräder
Gemischaufb.:	1 Flachstromvergaser BVF H 362
Getriebe:	4-Gang-Schaltgetriebe
Bremsen:	Trommeln
Höchstgeschw.:	115 km/h
Leergewicht:	1010 kg
Reifen:	5.90-15
Radstand:	2450 mm
Spur v/h:	1190/1260 mm
L x B x H:	4300 x 1570 x 1460 mm
Anmerkungen:	Stahlkarosserie, 2türig

AWE

Luxuriös und erstaunlich freizeitorientiert gab sich der ab 1957 gebaute Kombi in »Camping-Limousinen«-Ausführung. Die Hecktür war seitlich links angeschlagen. Die hinteren Seitenscheiben wurden in die nach hinten gezogene Dachlinie integriert, darüber befand sich ein großes Schiebedach. Genau wie beim Coupé ließen sich die Sitze zu einem »komfortablen Doppelbett« (so die zeitgenössische Werbung) umlegen.
16.200 Mark kostete das schicke Auto, daß ebenfalls alle damals vorgenommenen optischen und technischen Modifikationen nachvollzog. Der Karosserieaufbau stammte aus Dresden.

Baureihe:	AWE Wartburg
Modell:	311/5 Camping-Limousine
Bauzeit:	1957–1961
Motor:	3 Zyl. Reihe
Ventilsteuerung:	keine (Zweitakter)
Hubraum:	900 ccm
B x H:	70 x 78 mm
Leistung:	27 kW (37 PS) bei 4000/min; ab 1959: 28 kW (38 PS), ab 1961: 29 kW (40 PS)
Antrieb:	Vorderräder
Gemischaufb.:	1 Flachstromvergaser BVF H 362
Getriebe:	4-Gang-Schaltgetriebe
Bremsen:	Trommeln
Höchstgeschw.:	115 km/h
Leergewicht:	1040 kg
Reifen:	5.90-15
Radstand:	2450 mm
Spur v/h:	1190/1260 mm
L x B x H:	4210 x 1570 x 1450 mm
Anmerkungen:	Stahlkarosserie, 5türig

AWE

Bereits 1956 debütierte der Kombi mit seitlich öffnender Hecktür. Sein Aufbau wurde in Halle gefertigt; das Auto kostete 15.200 Mark. Die Heckpartie war rundlicher geformt als bei der Camping-Limousine, das Ersatzrad war unter der schmalen Abdeckung des Laderaums sofort greifbar.
Auch die Vorder- und Hintersitze des Kombis ließen sich umlegen, bei Bedarf konnte eine vollkommen ebene Fläche hergestellt werden. Der Einfüllstutzen für den 40 Liter-Tank (ab 1961: 44 Liter) befand sich – wie bei der Camping-Limousine – oberhalb des rechten Rücklichts.

Baureihe:	AWE Wartburg
Modell:	311/9 Kombi
Bauzeit:	1956–1961
Motor:	3 Zyl. Reihe
Ventilsteuerung:	keine (Zweitakter)
Hubraum:	900 ccm
B x H:	70 x 78 mm
Leistung:	27 kW (37 PS) bei 4000/min; ab 1959: 28 kW (38 PS), ab 1961: 29 kW (40 PS)
Antrieb:	Vorderräder
Gemischaufb.:	1 Flachstromvergaser BVF H 362
Getriebe:	4-Gang-Schaltgetriebe
Bremsen:	Trommeln
Höchstgeschw.:	100 km/h
Leergewicht:	1070 kg
Reifen:	6.50-15
Radstand:	2450 mm
Spur v/h:	1190/1260 mm
L x B x H:	4250 x 1570 x 1475 mm
Anmerkungen:	Stahlkarosserie, 3türig

AWE

Genau wie vom F9-Vorgänger wurde auch vom Wartburg 311 eine Pickup-Version angeboten. Der Aufbau entstand zunächst direkt im Eisenacher Werk. Bekanntgeworden sind sowohl Varianten mit rundlichem Heck und angedeuteten Heck-Kotflügeln aus Halle, später auch mit eckig geformter Pritsche.
Die Heckklappe öffnete nach der Seite, ein Planenverdeck gehörte zur Serienausstattung dazu. Preis des unter anderem nach Kuba exportierten Schnelltransporters: 13.200 Mark. Bis 1961 entstanden nur reichlich 100 Transporter, bis 1965 wurden zusätzliche 4800 Exemplare gebaut. Weitere 500 Pickups liefen 1965/66 mit dem 312er Fahrwerk vom Band.

Baureihe:	AWE Wartburg
Modell:	311/7 Schnelltransporter (Pickup)
Bauzeit:	1957–1965
Motor:	3 Zyl. Reihe
Ventilsteuerung:	keine (Zweitakter)
Hubraum:	900 ccm
B x H:	70 x 78 mm
Leistung:	27 kW (37 PS) bei 4000/min; ab 1959: 28 kW (38 PS), ab 1961: 29 kW (40 PS)
Antrieb:	Vorderräder
Gemischaufb.:	1 Flachstromvergaser BVF H 362
Getriebe:	4-Gang-Schaltgetriebe
Bremsen:	Trommeln
Höchstgeschw.:	100 km/h
Leergewicht:	1020 kg
Reifen:	6.50-15
Radstand:	2450 mm
Spur v/h:	1190/1260 mm
L x B x H:	4250 x 1570 x 1500 mm
Anmerkungen:	Stahlkarosserie, Pritsche

Mercedes-Wartburg

Einen ungewöhnlichen Wartburg baute die Görlitzer Firma Schwarze für das lokale Taxigewerbe: Sie setzte eine im Frontbereich um 25 Zentimeter verlängerte 311-Karosse auf Mercedes 170 V-Fahrgestelle. Abgesehen von den großen 16 Zoll-Rädern wirkt das Ergebnis stilistisch recht gelungen.
Dank des Mercedes-Vierzylinders verfügte dieser »Wartburg« über eine Mittelschaltung und einen 46 Liter-Tank vorn. Damit stieg das Kofferraumvolumen.
Bis 1960 entstanden etwa 15 dieser ungewöhnlichen Wartburg-Limousinen mit dem keineswegs irreführenden Mercedes-Kühlergrill.

Baureihe:	Mercedes-Wartburg
Modell:	170 Umbau
Bauzeit:	1956–1960
Motor:	4 Zyl. Reihe
Ventilsteuerung:	stehend, seitl. Nockenwelle
Hubraum:	1697 ccm
B x H:	73,5 x 100 mm
Leistung:	28 kW (38 PS) bei 3200/min
Antrieb:	Hinterräder
Gemischaufb.:	1 Steigstromvergaser Solex 30 BFLVS
Getriebe:	4-Gang-Schaltgetriebe
Bremsen:	Trommeln
Höchstgeschw.:	100 km/h
Leergewicht:	1150 kg
Reifen:	5.50-16
Radstand:	2845 mm
L x B x H:	4500 x 1570 x 1500 mm
Anmerkungen:	Stahlkarosserie, 4türig

AWE

Der von 1957 bis 1960 in nur 469 Exemplaren gebaute Sport-Roadster 313-1 war die sicher attraktivste Wartburg-Version aller Zeiten. Die Zahl der Gleichteile mit dem 311 hielt sich in Grenzen – sowohl die Front mit der langen Motorhaube als auch das knackige Heck waren Eigenschöpfungen, die beim VEB Karosseriewerk Dresden sehr geschickt in Blech umgesetzt worden waren. Auch die komfortable Innenausstattung mit Heizgebläse, Instrumenten-Blendschutz und Voll-Lederverkleidung überzeugte.
Dank einer Doppelvergaser-Anlage und höherer Verdichtung leistete der 900 ccm-Dreizylinder 50 PS. Stolze 19.800 Mark kostete der zweisitzige Roadster mit dem hinter den Sitzen verstauten Softtop, von dem eine Handvoll sogar nach den USA exportiert wurde.
Als »Sportwagen-Coupé« bezeichnete die Werbung des DDR-Exporteurs (Deutscher Innen- und Außenhandel Transportmaschinen Export-Import, Berlin) den 313-1 Roadster mit aufgesetztem Hardtop. Das aus Leichtmetall gefertigte Dach mit großer Panorama-Heckscheibe ließ sich von zwei Helfern aufsetzen und mittels einiger Stellschrauben fixieren. Das Softtop mußte zuvor ausgebaut werden.
Die Optik des »Coupés« gefiel vielen besser als die des offenen Wagens. 350 Kilo »Nutzlast« faßte der Wagen inklusive Besatzung – neben dem Kofferraum ließ sich auch eine kleine Ablage hinter den Sitzen beladen. Die Entlüftungsschlitze in der Front waren nur Attrappen. Übrigens erhielt der Sport-Wartburg von Anfang an das neue Ziergitter, die Parallel-Scheibenwischer und die durchgehenden Stoßfänger.

Baureihe:	AWE Wartburg
Modell:	313/1 Sport-Roadster/ Sport-Roadster mit Hardtop
Bauzeit:	1957–1959
Motor:	3 Zyl. Reihe
Ventilsteuerung:	keine (Zweitakter)
Hubraum:	900 ccm
B x H:	70 x 78 mm
Leistung:	37 kW (50 PS) bei 4500/min
Antrieb:	Vorderräder
Gemischaufb.:	2 Flachstromvergaser BVF H 362
Getriebe:	4-Gang-Schaltgetriebe
Bremsen:	Trommeln
Höchstgeschw.:	140 km/h
Leergewicht:	970 kg
Reifen:	5.90-15
Radstand:	2450 mm
Spur v/h:	1190/1260 mm
L x B x H:	4360 x 1610 x 1350 mm
Anmerkungen:	Stahlkarosserie, 2türig

VX 35-16

AWE

Angelehnt an den bisherigen F9 in Polizei-Ausführung entstand in Dresden ein gänzlich offener Karosserieaufbau, in den sich vier Türen einhängen ließen. Darüber spannte sich ein großes Faltverdeck. Die Frontscheibe des Autos ließ sich nach vorn umklappen.
Die nur in Olivgrün lackierten Fahrzeuge taten ausschließlich Dienst bei Polizei und Armee, später fanden sich einige von ihnen in der Forst- oder Energiewirtschaft wieder. Für zivile Kunden oder im Export wurde das Auto nie angeboten. Innerhalb der vier Jahre Bauzeit entstanden nur knapp 900 Exemplare.

Baureihe:	AWE Wartburg
Modell:	311/4 Polizei-Einsatzwagen
Bauzeit:	1957–1961
Motor:	3 Zyl. Reihe
Ventilsteuerung:	keine (Zweitakter)
Hubraum:	900 ccm
B x H:	70 x 78 mm
Leistung:	27 kW (37 PS) bei 4000/min, ab 1959: 28 kW (38 PS) ab 1961: 29 kW (40 PS)
Antrieb:	Vorderräder
Gemischaufb.:	1 Flachstromvergaser BVF H 362
Getriebe:	4-Gang-Schaltgetriebe
Bremsen:	Trommeln
Höchstgeschw.:	110 km/h
Leergewicht:	1020 kg
Reifen:	5.90-15
Radstand:	2450 mm
Spur v/h:	1190/1260 mm
L x B x H:	4300 x 1570 x 1480 mm
Anmerkungen:	Stahlkarosserie, 4türig

AWE

Parallel zum P100-Prototyp von AWZ (Seite 47) entstand Mitte 1961 auch die Eisenacher P100-Ausführung. Größter Unterschied zum Zwickauer Modell war die Unterflur-Mittelmotoranordnung des bekannten Wartburg-Dreizylinders unter der hinteren Sitzbank. Neben dem Wankel-Motor war auch an die Adaption eines selbstentwickelten 45 PS starken Vierzylinder-Viertakt-Boxers gedacht. Doch die hohen Kosten für eine Serienproduktion unterbanden den Anlauf der ursprünglich ab 1964 geplanten Fertigung.

Baureihe:	AWE Wartburg
Modell:	311-V P100 Stufenheck-Limousine (Prototyp)
Bauzeit:	1961
Motor:	3 Zyl. Reihe
Ventilsteuerung:	keine (Zweitakter)
Hubraum:	992 ccm
B x H:	73,5 x 78 mm
Leistung:	35 kW (48 PS) bei 4500/min
Antrieb:	Vorderräder
Gemischaufb.:	1 Flachstromvergaser BVF H 362
Getriebe:	4-Gang-Schaltgetriebe
Bremsen:	Trommeln
Höchstgeschw.:	130 km/h
Leergewicht:	950 kg
Reifen:	5.90-15
Radstand:	2500 mm
Spur v/h:	1190/1260 mm
L x B x H:	4200 x 1550 x 1400 mm
Anmerkungen:	Stahlkarosserie, 4türig

AWE

Stilistische Anleihen bei der Renault Caravelle wies der Hardtop-Roadster 313/2 von 1961 auf. Er basierte auf dem P100 und verfügte über eine selbsttragende Karosserie und schraubengefederte Einzelradaufhängung. Der leistungsgesteigerte Zweivergaser-Motor mit 1,0 Liter Hubraum war auch hier quer vor der Hinterachse plaziert. Das Interieur der drei Prototypen fiel spartanisch aus, im spärlich bestückten Instrumententräger saßen drei runde Uhren aus dem Wartburg 311. Gänzlich neu war die Knüppelschaltung. Einen durchgehenden Mitteltunnel gab es jedoch nicht.

Baureihe:	AWE Wartburg
Modell:	313/2 Sportwagen (Prototyp)
Bauzeit:	1961
Motor:	3 Zyl. Reihe
Ventilsteuerung:	keine (Zweitakter)
Hubraum:	992 ccm
B x H:	73,5 x 78 mm
Leistung:	44 kW (60 PS) bei 5000/min
Antrieb:	Hinterräder
Gemischaufb.:	2 Flachstromvergaser BVF H 362
Getriebe:	4-Gang-Schaltgetriebe
Bremsen:	Trommeln
Höchstgeschw.:	130 km/h
Leergewicht:	1050 kg
Reifen:	6.40-15
Radstand:	2200 mm
Spur v/h:	1190/1260 mm
L x B x H:	4000 x 1550 x 1380 mm
Anmerkungen:	Stahlkarosserie, 2türig

Neumann VW Coupé

Baureihe:	Volkswagen Kübel (Typ 82)
Modell:	Neumann Coupé
Bauzeit:	1958
Motor:	Vierzylinder-Boxermotor
Kammervolumen:	1192 ccm
Leistung:	22 kW (30 PS)
Antrieb:	Hinterräder
Getriebe:	4-Gang-Schaltgetriebe
Bremsen:	Trommeln
Höchstgeschw.:	100 km/h
Leergewicht:	880 kg
Radstand:	2400 mm
L x B x H:	4370 x 1670 x 1350 mm
Anmerkungen:	Einzelstück

Weil in der staatlichen Planung Autos in der DDR bis zuletzt keinerlei Relevanz eingeräumt wurde, versuchten die Bürger auf den abenteuerlichsten Wegen zu einem fahrbaren Untersatz zu gelangen. Dazu gehörten auch die nicht immer legalen Bemühungen von Privatleuten und Kfz-Spezialisten, aus Alt- oder Ersatzteilen neue Autos aufzubauen. In den 50er-Jahren wurde dies noch weitgehend geduldet. Einer der renommiertesten Spezialisten war der Karosseriebaubetrieb Wilhelm Neumann in Spremberg (Lausitz), der 1958 ein ungewöhnlich geformtes Steilheck-Coupé mit Panoramaheckscheibe fertig stellte. Basis des zweitürigen Autos war – wie bei vielen solcher Umbauten – ein ehemaliger Wehrmachts-Kübelwagen, der mit einem neueren 1,2-Liter-Boxer ausgestattet wurde. An eine Serienproduktion war nie gedacht, Neumann nutzte das heute noch existierende Fahrzeug privat.

Neumann Wartburg Coupé

Baureihe:	AWE Wartburg
Modell:	311 Luxus-Coupé
Bauzeit:	1960
Motor:	3 Zyl. Reihe
Kammervolumen:	900 ccm
Leistung:	28 kW (38 PS) bei 3600/min
Antrieb:	Vorderräder
Getriebe:	4-Gang-Schaltgetriebe
Bremsen:	Trommeln
Höchstgeschw.:	rund 120 km/h
Leergewicht:	rund 1000 kg
Radstand:	2450 mm
L x B x H:	4300 x 1600 x 1380 mm
Anmerkungen:	Einzelstück

Quasi als Alternative zum räumlich beengten Wartburg Sport (313/1) entwickelte Wilhelm Neumann ein sportlich-elegantes Auto mit festem Coupédach, in dem vier Personen bequem Platz fanden. Für dieses Fahrzeug war der private Handwerksbetrieb in der Lausitz mit einem staatlichen Auftrag bedacht worden, das nie in die Serienfertigung überführte Auto ging später als Dienstfahrzeug nach Berlin. Es basierte auf einem Wartburg 311/3 Coupé, hatte aber auch Baugruppen des 313/1 an Bord.

Erstaunlicherweise durften Fotos des eigentlich »geheimen« Fahrzeugs 1960 in der Fachzeitschrift »Deutscher Straßenverkehr« erscheinen. Außerdem baute Neumann einen 313/1 mit verlängertem Coupédach und großzügiger geschnittenen Innenraum. Mit dem Schluss der Wartburg-Sport-Fertigung und der Entscheidung, keinen Nachfolger herauszubringen, endeten auch die Entwicklungsarbeiten Neumanns.

AWE

Ab 1962 wurde der Wartburg mit einem aufgebohrten 1,0-Liter-Motor versehen, der 45 PS leistete. Das Fahrwerk mit vorderer und hinterer Querblattfeder blieb das gleiche wie bisher. Äußerlich unterschied sich die Limousine nur marginal vom 311 mit 900 ccm-Motor – so änderte sich die Form der Rückleuchten (ab 1/1963), und das Firmenlogo war nun nicht mehr farbig ausgeführt.
Bis 1965 entstanden insgesamt 109.000 Wartburg 311 – ein Großteil davon Limousinen. Der Preis des 1,0-Liter-Wagens war gegenüber der hubraumschwächeren Variante mit 15.200 Mark gleich geblieben.

Baureihe:	AWE Wartburg
Modell:	311-0/1000 Standard Limousine
Bauzeit:	1962–1965
Motor:	3 Zyl. Reihe
Hubraum:	992 ccm
B x H:	73,5 x 78 mm
Leistung:	31 kW (42 PS); ab 1963: 32 kW (45 PS) bei 4250/min
Antrieb:	Vorderräder
Gemischaufb.:	1 Flachstromvergaser BVF H 362
Getriebe:	4-Gang-Schaltgetriebe
Bremsen:	Trommeln
Höchstgeschw.:	122 km/h
Leergewicht:	930 kg
Reifen:	5.90-15
Radstand:	2450 mm
Spur v/h:	1190/1260 mm
L x B x H:	4300 x 1590 x 1520 mm
Anmerkungen:	Stahlkarosserie, 4türig

AWE

Weiterhin im Programm blieb die Luxus-Limousine mit großem Schiebedach – das übrigens für Kombi oder Coupé nicht zu haben war. Die Zweifarben-Lackierung gehörte ebenso ins Programm wie das RFT-Röhrenradio. Die außen angebrachte Sonnenblende wurde im Zubehörhandel angeboten.
Mit 16.800 Mark war diese chromblitzende Wartburg-Version verhältnismäßig teuer, was ihren Absatz im Inland jedoch keineswegs schmälerte.

Baureihe:	AWE Wartburg
Modell:	311-8/1000 Schiebedach-Limousine des Luxe
Bauzeit:	1962–1965
Motor:	3 Zyl. Reihe
Hubraum:	992 ccm
B x H:	73,5 x 78 mm
Leistung:	31 kW (42 PS); ab 1963: 32 kW (45 PS) bei 4250/min
Antrieb:	Vorderräder
Gemischaufb.:	1 Flachstromvergaser BVF H 362
Getriebe:	4-Gang-Schaltgetriebe
Bremsen:	Trommeln
Höchstgeschw.:	122 km/h
Leergewicht:	930 kg
Reifen:	5.90-15
Radstand:	2450 mm
Spur v/h:	1190/1260 mm
L x B x H:	4300 x 1590 x 1520 mm
Anmerkungen:	Stahlkarosserie, 4türig

AWE

In überarbeiteter Form gab's ab 1962 den Kombiwagen. So ließ sich die bislang seitlich angeschlagene Hecktür nunmehr nach oben öffnen. Dafür war der Heckbereich neu gestylt worden: Der hintere Abschluß verlief geradlinig, die D-Säule war deutlich filigraner als bisher.
15.700 Mark kostete der praktische Wagen, der fast ausschließlich gewerblich genutzt wurde. Nach den rund 9000 Kombis des Typs 311/1000 folgten 1965 bis 1967 weitere 2800 Dreitürer auf 312-Basis.

Baureihe:	AWE Wartburg
Modell:	311-9/1000 Kombi
Bauzeit:	1962–1965
Motor:	3 Zyl. Reihe
Hubraum:	992 ccm
B x H:	73,5 x 78 mm
Leistung:	31 kW (42 PS); ab 1963: 32 kW (45 PS) bei 4250/min
Antrieb:	Vorderräder
Gemischaufb.:	1 Flachstromvergaser BVF H 362
Getriebe:	4-Gang-Schaltgetriebe
Bremsen:	Trommeln
Höchstgeschw.:	105 km/h
Leergewicht:	1070 kg
Reifen:	6.40-15
Radstand:	2450 mm
Spur v/h:	1190/1260 mm
L x B x H:	4250 x 1570 x 1475 mm
Anmerkungen:	Stahlkarosserie, 3türig

AWE

Das Reise-Coupé in schicker Zweifarb-Lackierung bildete Anfang der 60er Jahre die nobelste Möglichkeit, einen Wartburg zu fahren. Immerhin 17.200 Mark kostete dieses Vergnügen.
Dafür bekam man ein elegant gezeichnetes 2+2sitziges Fahrzeug mit vorderen Ausstellfenstern und meist mit großer Panorama-Heckscheibe. Diese mußte jedoch aus der Bundesrepublik importiert werden, weil das zuliefernde Glaswerk Dresden, dann Torgau, nur dreiteilige Heckfenster mit Stegen herstellen konnten. Sie wurden – zunehmend nach 1963/64 – alternativ fürs Coupé verwendet. Nur bei einigen Versuchsträgern fielen auch die vorderen Dreieckfenster weg.
Mit dem neuen 1,0-Liter-Motor lief auch der fünftürige Lifestyle-Wartburg bis 1964 vom Band. Gegenüber dem bisherigen Modell gab es nur geringfügige Änderungen.
Gerade die freizeitorientierte Karosserieausführung der Camping-Limousine machte das Auto noch in den achtziger Jahren in der DDR zum gesuchten Liebhaberstück für den Alltagsgebrauch.

Baureihe:	AWE Wartburg
Modell:	311-3/1000 Reise-Coupé / 311-5/1000 Camping-Limousine
Bauzeit:	1962–1965
Motor:	3 Zyl. Reihe
Ventilsteuerung:	keine (Zweitakter)
Hubraum:	992 ccm
B x H:	73,5 x 78 mm
Leistung:	31 kW (42 PS);ab 1963: 32 kW (45 PS) bei 4250/min
Antrieb:	Vorderräder
Gemischaufb.:	1 Flachstromvergaser BVF H 362
Getriebe:	4-Gang-Schaltgetriebe
Bremsen:	Trommeln
Höchstgeschw.:	122 km/h / 120 km/h
Leergewicht:	970 kg
Reifen:	6.40-15 / 5.90/15
Radstand:	2450 mm
Spur v/h:	1190/1260 mm
L x B x H:	4210 x 1570 x 1450 mm
Anmerkungen:	Stahlkarosserie, 2türig / 5türig

AWE

Nur als Funktions- und Stylingmuster entstand der Heckflossen-Wartburg Kombi mit seitlichen Schiebetüren, die sich nach hinten bewegen ließen. Kurbelfenster waren in der großen Tür nicht unterzubringen – darum wurde auf Schiebefenster zurückgegriffen.
Zu einer Serienproduktion des ungewöhnlichen Fahrzeugs kam es nicht. Ursprünglich war übrigens daran gedacht worden, den Wartburg 314 P100 schon ab1961 mit derartigen Türen auszustatten.

Baureihe:	AWE Wartburg
Modell:	311/1000 Schiebetür-Kombi (Prototyp)
Bauzeit:	1964
Motor:	3 Zyl. Reihe
Ventilsteuerung:	keine (Zweitakter)
Hubraum:	992 ccm
B x H:	73,5 x 78 mm
Leistung:	32 kW (45 PS) bei 4250/min
Antrieb:	Vorderräder
Gemischaufb.:	1 Flachstromvergaser BVF H 362
Getriebe:	4-Gang-Schaltgetriebe
Bremsen:	Trommeln
Höchstgeschw.:	105 km/h
Leergewicht:	1070 kg
Reifen:	6.40-15
Radstand:	2450 mm
Spur v/h:	1190/1260 mm
L x B x H:	4350 x 1570 x 1475 mm
Anmerkungen:	Stahlkarosserie, 3türig

AWE

Als Interimstyp vor Einführung des Wartburg 353 wurde von 9/1965 bis Mitte 1966 die 312 Limousine gebaut. Sie verfügte bereits über das Schraubenfeder-Fahrwerk mit 13 Zoll-Rädern, das der 353 bekommen sollte, sowie über Teile der neuen Innenausstattung (z.B. Zweispeichen- statt bisher Dreispeichen-Lenkrad). Das nur leicht modifizierte Getriebe blieb weiterhin im ersten Gang nicht synchronisiert. Bis zum Produktionsstopp entstanden 25.000 Wartburg 312-Limousinen (Standard, de Luxe, Schiebedach, Schiebedach de Luxe). Dazu kamen rund 10.000 Camping-Limousinen, Hardtop-Coupés, Pickups und Kombis. Die Standard Limousine kostete 15.970 Mark, die Luxus-Version war 17.570 Mark teuer. Für den Export wurde der Wagen 1966 mit einem neuen, aus horizontalen Zierstäben gebildeten Kühlergrill versehen.

Baureihe:	AWE Wartburg
Modell:	312-0/1 Limousine
Bauzeit:	1965–1966
Motor:	3 Zyl. Reihe
Ventilsteuerung:	keine (Zweitakter)
Hubraum:	992 ccm
B x H:	73,5 x 78 mm
Leistung:	32 kW (45 PS) bei 4250/min
Antrieb:	Vorderräder
Gemischaufb.:	1 Fallstromvergaser BVF 36-F1
Getriebe:	4-Gang-Schaltgetriebe
Bremsen:	Trommeln
Höchstgeschw.:	122 km/h
Leergewicht:	935 kg
Reifen:	6.00-13
Radstand:	2450 mm
Spur v/h:	1260/1300 mm
L x B x H:	4300 x 1590 x 1520 mm
Anmerkungen:	Stahlkarosserie, 4türig

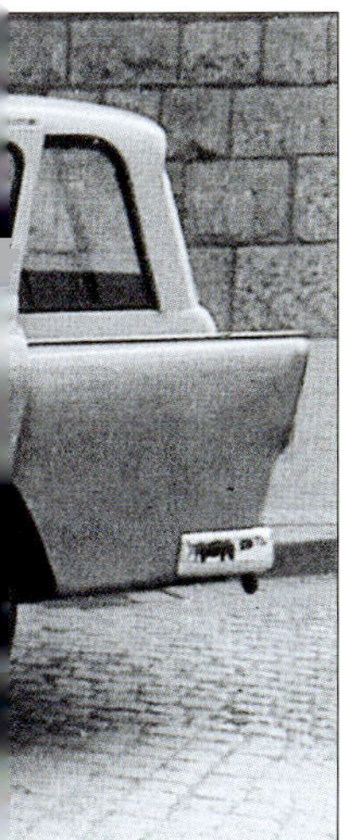

AWE

Der Löwenanteil der 312-Typen neben der 1966 aus dem Programm genommenen Limousine entfiel auf die fünftürige Camping-Limousine. Bis 1967 wurden davon 7356 Stück fertiggestellt. Auch sie verfügten grundsätzlich über das große, hintere Faltschiebedach. Die daneben hergestellten Ersatzkarossen kamen jedoch mit geschlossener Dachpartie zur Auslieferung.
Neben dem Fünftürer auf neuem Fahrwerk blieb auch der dreitürige Kombi im Programm. Bedauerlicherweise gab es für die hier gezeigte Lifestyle-Ausführung (Antenne nachgerüstet) in der Nachfolger-Modellreihe keine Fortsetzung mehr.

Baureihe:	AWE Wartburg
Modell:	312-5 Camping-Limousine
Bauzeit:	1965–1967
Motor:	3 Zyl. Reihe
Ventilsteuerung:	keine (Zweitakter)
Hubraum:	992 ccm
B x H:	73,5 x 78 mm
Leistung:	32 kW (45 PS) bei 4250/min
Antrieb:	Vorderräder
Gemischaufb.:	1 Flachstromvergaser BVF H 362
Getriebe:	4-Gang-Schaltgetriebe
Bremsen:	Trommeln
Höchstgeschw.:	120 km/h
Leergewicht:	1000 kg
Reifen:	5.90-15
Radstand:	2450 mm
Spur v/h:	1190/1260 mm
L x B x H:	4210 x 1570 x 1450 mm
Anmerkungen:	Stahlkarosserie, 5türig

AWE

Nachdem fünf Jahre lang kein offenes Wartburg-Modell mehr zu haben war, offerierten die Thüringer im März 1965 das Hardtop-Coupé 311-300 HT. Es ersetzte gleichzeitig das bisherige Reisecoupé 311-3/ 1000.
Die in Dresden gefertigte Karosserie war vor allem im Frontbereich gegenüber allen bisherigen 311ern stark modifiziert worden. Das Hardtop ließ sich zwar abnehmen, ein Verdeck wurde nur ganz am Anfang angeboten.
Vom bisherigen 311/1000 stammten das 15 Zoll-Fahrwerk mit Blattfedern; die Leistung von 45 PS blieb gleich. Bis Ende 1965 entstanden über 200 Einheiten jenes sportiven Modells.

Baureihe:	AWE Wartburg
Modell:	311-300 HT Hardtop-Coupé
Bauzeit:	1965
Motor:	3 Zyl. Reihe
Ventilsteuerung:	keine (Zweitakter)
Hubraum:	992 ccm
B x H:	73,5 x 78 mm
Leistung:	32 kW (45 PS) bei 4250/min
Antrieb:	Vorderräder
Gemischaufb.:	1 Fallstromvergaser BVF 36-F1
Getriebe:	4-Gang-Schaltgetriebe
Bremsen:	Trommeln
Höchstgeschw.:	125 km/h
Leergewicht:	905 kg
Reifen:	5.90-15
Radstand:	2450 mm
Spur v/h:	1190/1260 mm
L x B x H:	4370 x 1570 x 1440 mm
Anmerkungen:	Stahlkarosserie, 2türig

AWE

Ende 1965 begann die Fertigung des 312er Hardtop-Coupés. Wichtigster Unterschied zum 311-300 HT war das neue Fahrwerk – wobei die kleinen Räder etwas verloren in den großen Radkästen wirkten.
Genau wie beim 311-300 HT ließ sich das Kunststoff-Dach des 2+2sitzigen Autos abnehmen. Für die warme Jahreszeit stand aber jetzt ein vollversenkbares Verdeck mit eingenähten Seitenfenstern bereit, wie sie später beispielsweise bei Mercedes-Benz zum Einsatz kamen.
Reichlich 500 Roadster mit abnehmbarem Coupédach (Typ 312) entstanden bis Anfang 1967.

Baureihe:	AWE Wartburg
Modell:	312-300 HT Hardtop-Coupé
Bauzeit:	1965–1967
Motor:	3 Zyl. Reihe
Ventilsteuerung:	keine (Zweitakter)
Hubraum:	992 ccm
B x H:	73,5 x 78 mm
Leistung:	32 kW (45 PS) bei 4250/min
Antrieb:	Vorderräder
Gemischaufb.:	1 Fallstromvergaser BVF 36-F1
Getriebe:	4-Gang-Schaltgetriebe
Bremsen:	Trommeln
Höchstgeschw.:	125 km/h
Leergewicht:	910 kg
Reifen:	6.00-13
Radstand:	2450 mm
Spur v/h:	1260/1300 mm
L x B x H:	4370 x 1570 x 1440 mm
Anmerkungen:	Stahlkarosserie, 2türig

AWE

Mit Kastenprofil-Chassis, Motor und Getriebe des 312 versehen, debütierte 1966 der 353 mit vollkommen neugezeichneter Karosserie (cW-Wert 0,49). Ganz am Anfang befand sich vor der Frontscheibe noch eine durchgehende Reihe von Lüftungsschlitzen in der Haube. Neu war auch die Innenausstattung; so zierte erstmals ein Breitskalen-Tacho den Instrumententräger. Ab Juli 1967 gab's serienmäßig das lange erwartete Vollsynchrongetriebe, ein Jahr später war ein Stahlschiebedach optional erhältlich.
Der Aufbau des Wartburg wurde in Eisenach selbst vorgenommen. In der einfacheren Ausstattung kostete der Wagen 16.950 Mark, wer »de Luxe« unterwegs sein wollte, mußte einen Tausender mehr zahlen. Bis 1969 entstanden knapp 100.000 Exemplare des 353, davon zum größten Teil Limousinen.

Baureihe:	AWE Wartburg
Modell:	353 Limousine
Bauzeit:	1966–1969
Motor:	3 Zyl. Reihe
Ventilsteuerung:	keine (Zweitakter)
Hubraum:	992 ccm
B x H:	73,5 x 78 mm
Leistung:	32 kW (45 PS) bei 4250/min
Antrieb:	Vorderräder
Gemischaufb.:	1 Fallstromvergaser BVF 36-F1-11
Getriebe:	4-Gang-Schaltgetriebe
Bremsen:	Trommeln
Höchstgeschw.:	125 km/h
Leergewicht:	910 kg
Reifen:	6.00-13
Radstand:	2450 mm
Spur v/h:	1260/1300 mm
L x B x H:	4220 x 1642 x 1495 mm
Anmerkungen:	Stahlkarosserie, 4türig

AWE

Im Oktober 1967 gesellte sich der sofort überaus gefragte Kombi namens »Tourist« der Limousine bei. Die Hecktür öffnete nach oben und gab einen großen Laderaum frei. Anders als die Limousine hatte der Kombi von Anfang an Gummihörner auf den verchromten Stoßfängern.
Der Aufbau der Standard-Ausführung kam aus Halle, die Luxus-Version wurde aus Dresden bezogen. 17.700 Mark kostete der Einfach-Kombi, 18.800 Mark der aufgewertete Fünftürer. Anfangs entfielen etwa 15 Prozent der gesamten 353-Produktion auf den »Tourist«.

Baureihe:	AWE Wartburg
Modell:	353 Kombi »Tourist«
Bauzeit:	1967–1969
Motor:	3 Zyl. Reihe
Ventilsteuerung:	keine (Zweitakter)
Hubraum:	992 ccm
B x H:	73,5 x 78 mm
Leistung:	32 kW (45 PS) bei 4250/min
Antrieb:	Vorderräder
Gemischaufb.:	1 Fallstromvergaser BVF 36-F1-11
Getriebe:	4-Gang-Schaltgetriebe
Bremsen:	Trommeln
Höchstgeschw.:	125 km/h
Leergewicht:	970 kg
Reifen:	6.00-13
Radstand:	2450 mm
Spur v/h:	1260/1300 mm
L x B x H:	4380 x 1642 x 1495 mm
Anmerkungen:	Stahlkarosserie, 5türig

AWE

Nur als maßstabsgerechtes Modell entstand 1966/67 der Wartburg 354. Die seinerzeit prominentesten Industriedesigner der DDR, Clauss Dietel und Lutz Rudolph, hatten zusammen mit dem Karosseriewerk Halle eine Steilheck-Limousine mit extrem breiter C-Säule geformt. Der Vorderbau geriet niedriger als beim Serien-353, die Gürtellinie war niedriger angeordnet.
Einen Bedarf für ein solches Fahrzeug sahen die Zuständigen jedoch nicht. Wegen des Zweitakt-Motors hätte das Auto auch im westlichen Ausland wenig Chancen gehabt – darum wurde das reizvolle Projekt eingestellt.

Baureihe:	AWE Wartburg
Modell:	354 Steilheck-Limousine (Designmuster)
Bauzeit:	1967
Motor:	3 Zyl. Reihe (AWE)
Ventilsteuerung:	keine (Zweitakter)
Hubraum:	992 ccm
B x H:	73,5 x 78 mm
Leistung:	33 kW (45 PS) bei 4250/min
Antrieb:	Vorderräder
Gemischaufb.:	1 Fallstromvergaser BVF 36 F1-11
Getriebe:	4-Gang-Schaltgetriebe
Bremsen:	Trommeln
Höchstgeschw.:	135 km/h
Leergewicht:	770 kg
Reifen:	165 SR 13
Radstand:	2450 mm
Spur v/h:	1260/1300 mm
L x B x H:	3900 x 1640 x 1400 mm
Anmerkungen:	Kunststoffkarosserie, 2türig

AWE

Ein »Auto für die Playboys in unserem Land« nannte ein hoher DDR-Funktionär die coupéartige Schrägheck-Limousine mit der großen Heckklappe. Der viersitzige Kunststoffaufbau (für die Serie war Stahlblech vorgesehen) saß auf dem bewährten 353-Kastenrahmen und wirkte rundum moderner als die gängige Wartburg-Limousine. Das Interieur stammt vom 353. Genüßlich verwiesen die Eisenacher darauf, daß der äußerlich recht ähnliche VW Passat erst später herauskam – Gerüchte sprechen gar von einem Kauf der Designunterlagen durch die Wolfsburger.
Offiziell entstanden fünf Wartburg 355. Einer davon wurde 1980 mit einem Renault-Viertakt-Motor versehen, der ursprünglich sogar dem Großserien-353 zugedacht war. Nach Ende des Schrägheck-Projekts wurde aus Restteilen 1974/75 noch ein weiteres Auto montiert.

Baureihe:	AWE Wartburg
Modell:	355 Schrägheck-Limousine (Prototyp)
Bauzeit:	1969
Motor:	3 Zyl. Reihe (AWE) bzw. 4 Zyl.-Reihe (Renault)
Ventilsteuerung:	keine (Zweitakter) bzw. hängend, seitl. Nockenwelle
Hubraum:	992 ccm bzw. 1397 ccm
B x H:	73,5 x 78 mm bzw. 76 x 77 mm
Leistung:	40 kW (55 PS) bei 4300/min bzw. 54 kW (74 PS) bei 5500/min
Antrieb:	Vorderräder
Gemischaufb.:	1 Fallstrom-Registervergaser BVF 40 F1-11
Getriebe:	4-Gang-Schaltgetriebe
Bremsen:	Trommeln
Höchstgeschw.:	130 km/h bzw. 145 km/h
Leergewicht:	850 kg bzw. 880 kg
Reifen:	165 SR 13, 175/70 R 13
Radstand:	2450 mm
Spur v/h:	1260/1300 mm
L x B x H:	4100 x 1640 x 1410 mm
Anmerkungen:	Kunststoffkarosserie, 2türig

AWE

Auf Basis des Wartburg 353 mit 50 PS entstanden 1970 sieben Jagdwagen-Prototypen. Sie nutzten die Bodengruppe und Teile des Aufbaus vom 353. Die Türen ließen sich wie bei einem Kübelwagen komplett aushängen, die Bodenfreiheit war deutlich erhöht worden. Eine durchgehende Bodenwanne aus Kunststoff sollte Wasserdurchfahrten erleichtern. Geplant war ursprünglich sogar eine schwimmfähige Version mit zusätzlichem Schrauben-Antrieb. Die Jagdwagen blieben keineswegs im Eisenacher Werk, sondern wurden an den Forstwirtschaftsbetrieb des DDR-Prominenten-Ghettos Wandlitz ausgeliefert und vermutlich von den Politbürokraten für Jagdausflüge genutzt.

Baureihe:	AWE Wartburg
Modell:	353/400 Jagdwagen (Prototyp)
Bauzeit:	1970
Motor:	3 Zyl. Reihe
Ventilsteuerung:	keine (Zweitakter)
Hubraum:	992 ccm
B x H:	73,5 x 78 mm
Leistung:	40 kW (55 PS) bei 4300/min
Antrieb:	Vorderräder
Gemischaufb.:	1 Fallstrom-Registervergaser BVF 40 F1-11
Getriebe:	4-Gang-Schaltgetriebe
Bremsen:	Trommeln
Höchstgeschw.:	110 km/h
Leergewicht:	910 kg
Reifen:	165 SR 13
Radstand:	2450 mm
Spur v/h:	1260/1300 mm
L x B x H:	4200 x 1650 x 1600 mm
Anmerkungen:	Stahlkarosserie, 4türig

AWE

Wichtigste Neuerung des 353/1 war der dank des größeren Vergasers und einiger Maßnahmen im Ansaugtrakt auf 50 PS erstarkte Motor. Fahrwerk und Karosse blieben im wesentlichen unverändert.
Bis 1972 wurden weiter die verchromten Stoßstangenhörner verbaut, erst danach bekamen sie Gummiaufsätze wie die Kombiversionen. Ebenfalls nur bis 1972 hatten die vorderen Blinker Chromeinfassungen. Die Scheibenwischerbügel blieben aber weiterhin verchromt. Neu waren das Cockpit mit einem runden Tachometer statt des bisherigen Skalentachos und – allerdings erst ab 1972 – die optional angebotenen Schalensitze sowie die Knüppelschaltung.

Baureihe:	AWE Wartburg
Modell:	353/1 Limousine / 353/1 Kombi »Tourist«
Bauzeit:	1969–1974
Motor:	3 Zyl. Reihe
Ventilsteuerung:	keine (Zweitakter)
Hubraum:	992 ccm
B x H:	73,5 x 78 mm
Leistung:	37 kW (50 PS) bei 4250/min
Antrieb:	Vorderräder
Gemischaufb.:	1 Fallstrom-Registervergaser BVF 40-F1-11
Getriebe:	4-Gang-Schaltgetriebe
Bremsen:	Trommeln
Höchstgeschw.:	130 km/h
Leergewicht:	910 kg / 970 kg
Reifen:	6.00-13, 165 SR 13
Radstand:	2450 mm
Spur v/h:	1260/1300 mm
L x B x H:	4220 x 1642 x 1495 mm / 4380 x 1642 x 1495 mm
Anmerkungen:	Stahlkarosserie, 4türig

Der ebenfalls 1969 überarbeitete »Tourist« mit 50 PS-Motor übernahm getreulich alle Modifikationen der Limousine. Auf dem Binnenmarkt und in Ostblockländern wie Ungarn und der Tschechoslowakei war die 353/1 Kombiversion das wohl gefragteste Auto überhaupt. Großes Interesse am Wartburg hatte auch die DDR-Staatsicherheit. Zwischen 1971 und 1975 lieferte Eisenach etwa 600 Überwachungsfahrzeuge 353/412 und 353/420 (Limousinen und Kombis) mit 55 PS-Motor, auf 60 Liter vergrößerten Tank, Drehstrom-Lichtmaschine, robusterer Bremsanlage und verstärktem Unterboden aus. Der Mehrpreis gegenüber den zivilen Versionen lag bei etwa 4000 Mark.

Wartburg 353

AWE

Als Nachschlag zum gemeinsam mit AWZ und Skoda entwickelten P760 von 1970 (Seite 56) durfte zum 25. Jahrestag der DDR im Jahr 1974 der Wartburg 360 gezeigt werden.
Er war erstmals mit selbsttragender Karosserie versehen, nutzte also nicht mehr das bekannte Wartburg-Chassis. Der Stufenheck-Aufbau ähnelte dem des späteren Skoda S 105.
Der Eisenacher Wagen bediente sich tschechischer Viertakt-Technik. Ende 1974 wurde auch dieses Projekt auf Anweisung »von oben« abgeblasen.

Baureihe:	AWE Wartburg
Modell:	360 Limousine (Prototyp)
Bauzeit:	1974
Motor:	4 Zyl. Reihe (Skoda)
Ventilsteuerung:	hängend, seitl. Nockenwelle
Hubraum:	1289 ccm
B x H:	75,5 x 72 mm
Leistung:	43 kW (58 PS) bei 5000/min
Antrieb:	Vorderräder
Gemischaufb.:	1 Fallstromvergaser Jikov 28-30
Getriebe:	4-Gang-Schaltgetriebe
Bremsen:	Scheiben/Trommeln
Höchstgeschw.:	140 km/h
Leergewicht:	920 kg
Reifen:	155-14
Radstand:	2450 mm
L x B x H:	4200 x 1600 x 1500 mm
Anmerkungen:	Stahlkarosserie, 4türig

AWE

Letzter Versuch, einen brandneuen Wartburg-Nachfolger zu kreieren, war der gemeinsam mit AWZ entwickelte 610. Die Karosserie ähnelte erneut dem Skoda S 105 und unterschied sich so äußerlich kaum vom Projekt 360.
Der 610 M saß nicht auf auf dem 353-Chassis, sondern hatte eine selbsttragende Karosserie. Er verfügte wiederum über zeitgemäße Viertakt-Technik. Während er in Zwickau mit 1,1 Liter-Vierzylinder von Skoda gebaut werden sollte, war für die AWE-Variante der 1,3 Liter-Dacia-Motor vorgesehen – eine Lizenz des Renault R12-Motors. Zwischenzeitlich wurde auch erwogen, den 1,3 Liter-Motor in den gängigen 353 zu implantieren.
Jährlich sollten 80.000 Einheiten des Wartburg 610 M entstehen; der Beginn der Serienproduktion war für 1983 terminisiert. Doch Ende 1979 endete auch dieses Projekt.

Baureihe:	AWE Wartburg
Modell:	610 M Limousine (Prototyp)
Bauzeit:	1976–1979
Motor:	4 Zyl. Reihe (Dacia)
Ventilsteuerung:	hängend, seitl. Nockenwelle
Hubraum:	1289 ccm
B x H:	73 x 77 mm
Leistung:	40 kW (54 PS) bei 5250/min
Antrieb:	Vorderräder
Gemischaufb.:	1 Fallstromvergaser Solex 32 EISA
Getriebe:	4-Gang-Schaltgetriebe
Bremsen:	Scheiben/Trommeln
Höchstgeschw.:	140 km/h
Leergewicht:	930 kg
Reifen:	155 SR 14
Radstand:	2450 mm
L x B x H:	4200 x 1600 x 1500 mm
Anmerkungen:	Stahlkarosserie, 4türig

AWE

1975 legte AWE die 353 W-Limousinen- und Kombi-Version auf (»W« für Weiterentwicklung). Gemeint war dies in erster Linie in technischer Hinsicht: So erhielt der Neue erstmals vordere Scheibenbremsen, eine Drehstrom-Lichtmaschine, Halogen-Scheinwerfer und eine Sicherheits-Lenksäule. Der verbrauchsreduzierende Jikov-Vergaser kam 1982.
In der Armaturentafel des 353 W saßen nun zwei große Rundinstrumente. Ab Ende 1978 wurde optional die beheizte Heckscheibe offeriert. Ab 1979 wurden die Scheibenwischerarme geschwärzt. 1980 kamen der Frontspoiler und PUR-Kopfstützen für die Vordersitze. Und ab 1984 gab's statt des verchromten Ziergitters nun ein schwarzes Kühlergrill. Zwischen 1975 und 1985 entstanden insgesamt 618.000 Wartburg 353 W, davon rund ein Drittel Kombis »Tourist«.

Baureihe:	AWE Wartburg
Modell:	353 W Limousine
Bauzeit:	1975–1989
Motor:	3 Zyl. Reihe
Ventilsteuerung:	keine (Zweitakter)
Hubraum:	992 ccm
B x H:	73,5 x 78 mm
Leistung:	37 kW (50 PS) bei 4250/min
Antrieb:	Vorderräder
Gemischaufb.:	1 Fallstrom-Registervergaser BVF 40-F1-11, ab 1982: Jikov 32 SEDR
Getriebe:	4-Gang-Schaltgetriebe
Bremsen:	Scheiben/Trommeln
Höchstgeschw.:	130 km/h
Leergewicht:	910 kg
Reifen:	6.00-13, 165 SR 13
Radstand:	2450 mm
Spur v/h:	1280/1300 mm
L x B x H:	4220 x 1642 x 1495 mm
Anmerkungen:	Stahlkarosserie, 4türig

AWE

Im Auftrag von AWE entwickelte und fertigte das Karosseriewerk Halle auf Basis des Kombi »Tourist« den Notarztwagen 353 MED. Ausgestattet mit Blaulicht, Außenlautsprechern, mehreren Außenspiegeln und einer Tragenkonstruktion im Laderaum (Sichtschutz-Fenster) wurde dieses Fahrzeug von den Zentralen der »Schnellen Medizinischen Hilfe« an Unfallstellen in Trab gesetzt.

Baureihe:	AWE Wartburg
Modell:	353 W Notarzt-Wagen MED
Bauzeit:	1983–1989
Motor:	3 Zyl. Reihe
Ventilsteuerung:	keine (Zweitakter)
Hubraum:	992 ccm
B x H:	73,5 x 78 mm
Leistung:	37 kW (50 PS) bei 4250/min
Antrieb:	Vorderräder
Gemischaufb.:	1 Fallstrom-Registervergaser Jikov 32 SEDR
Getriebe:	4-Gang-Schaltgetriebe
Bremsen:	Scheiben/Trommeln
Höchstgeschw.:	125 km/h
Leergewicht:	1050 kg
Reifen:	6.00-13, 165 SR 13
Radstand:	2450 mm
Spur v/h:	1280/1300 mm
L x B x H:	4380 x 1642 x 1495 mm
Anmerkungen:	Stahlkarosserie, 5türig

INW 9-85

AWE

Die ab 1985 ausgelieferten Wartburg-Modelle waren ein letztes Mal aufgefrischt worden. Ein Jahr zuvor wurde an höchster Stelle beschlossen, den 353-Nachfolger künftig mit einem VW-Motor auszurüsten. Damit endeten eigene Versuche von AWE, einen Dreizylinder-Viertakter serienreif zu machen.

Beim Facelift-353 wurde der Kühler endlich zwischen Motor und Kühlermaske verlegt. Neu war auch das elektrische, thermostatisch gesteuerte Kühlgebläse. 1985 lief der einmillionste Wartburg 353 vom Band. Er verfügte bereits über die Änderungen im Motorraum und die in Wagenfarbe lackierte Front mit den vier Querrippen, die bis zum Auslauf der Zweitakter-Produktion 1989 beibehalten wurde. Parallel zur Limousine gab's ab 1985 die facegeliftete Kombiversion. Sie war in der DDR mittlerweile so gefragt, daß Wartezeiten um 15 Jahre akzeptiert wurden – etwa drei Jahre länger, als die Lieferzeit einer 353 Limousine betrug.
In Ermangelung von Kleinbussen und Campingmobilen wurden viele Tourist ihrem Wortsinne nach individuell umgerüstet – beispielsweise mit doppelten Ladeböden, die gleichzeitig als Liegefläche nutzbar waren.

Baureihe:	AWE Wartburg
Modell:	353 W Limousine / 353 W Kombi »Tourist«
Bauzeit:	1985–1989
Motor:	3 Zyl. Reihe
Ventilsteuerung:	keine (Zweitakter)
Hubraum:	992 ccm
B x H:	73,5 x 78 mm
Leistung:	37 kW (50 PS) bei 4250/min
Antrieb:	Vorderräder
Gemischaufb.:	1 Fallstrom-Registervergaser Jikov 32 SEDR
Getriebe:	4-Gang-Schaltgetriebe
Bremsen:	Scheiben/Trommeln
Höchstgeschw.:	130 km/h
Leergewicht:	910 kg / 970 kg
Reifen:	165 SR 13 / 6.00-13, 165 SR 13
Radstand:	2450 mm
Spur v/h:	1280/1300 mm
L x B x H:	4220 x 1642 x 1495 mm / 4380 x 1642 x 1495 mm
Anmerkungen:	Stahlkarosserie, 4türig / 5türig

AWE

Nach langer Pause legte AWE im letzten Jahrzehnt des Wartburg 353 wieder eine Pickup-Version namens Trans auf. Sie verfügte über eine 2,2 m2 große Ladefläche und 550 kg Nutzmasse. Spriegel und Planenverdeck sorgten für trockene Ladung.
Das Fahrzeug war in erster Linie für den Export bestimmt, in der DDR wurde es nur an staatliche Betriebe oder Landwirtschaftliche Produktionsgenossenschaften (LPG) abgegeben.

Baureihe:	AWE Wartburg
Modell:	353 W Pickup Trans
Bauzeit:	1983–1989
Motor:	3 Zyl. Reihe
Ventilsteuerung:	keine (Zweitakter)
Hubraum:	992 ccm
B x H:	73,5 x 78 mm
Leistung:	37 kW (50 PS) bei 4250/min
Antrieb:	Vorderräder
Gemischaufb.:	1 Fallstrom-Registervergaser Jikov 32 SEDR
Getriebe:	4-Gang-Schaltgetriebe
Bremsen:	Scheiben/Trommeln
Höchstgeschw.:	120 km/h
Leergewicht:	840 kg
Reifen:	6.00-13, 165 SR 13
Radstand:	2450 mm
Spur v/h:	1280/1300 mm
L x B x H:	4195 x 1642 x 1485 mm
Anmerkungen:	Stahlkarosserie, 2türig mit Pritsche

AWE

Ab Oktober 1988 lief alternativ zum Zweitakt-353 der Wartburg 1.3 mit Viertakter der Alpha-Motorenreihe von VW (Lizenzbau) vom Band. Überarbeitet wurde vor allem das Fahrwerk (weiterhin Rahmen-Chassis), das nun mit beträchtlichem Spurweiten-Zuwachs daherkam. Überarbeitet wurden auch Front und Heck des Autos, das seine traditionelle Form freilich in keiner Weise verleugnete. Das allmächtige Politbüro legte nun sogar fest, die Karosse bis 1995 unverändert zu lassen und die Jahresproduktion von 75.000 auf 100.000 Einheiten zu steigern.
Endlich gehörten Automatikgurte, vordere Kopfstützen, 165er Radialreifen und beheizte Heckscheibe zum Serienumfang. 30.200 Mark kostete die Limousine, nach der Währungsumstellung waren es 13.540 DM.

Baureihe:	AWE Wartburg
Modell:	1.3 Limousine
Bauzeit:	1988–1991
Motor:	4 Zyl. Reihe (VW)
Ventilsteuerung:	hängend, obenl. Nockenwelle
Hubraum:	1272 ccm
B x H:	75 x 72 mm
Leistung:	43 kW (58 PS) bei 4400/min
Antrieb:	Vorderräder
Gemischaufb.:	1 Fallstromvergaser BVF 34 F oder Weber 34 F 1-2
Getriebe:	4-Gang-Schaltgetriebe
Bremsen:	Scheiben/Trommeln
Höchstgeschw.:	140 km/h
Leergewicht:	900 kg
Reifen:	165/80 R 13, 175/70 R 13
Radstand:	2450 mm
Spur v/h:	1382/1360 mm
L x B x H:	4216 x 1642 x 1495 mm
Anmerkungen:	Stahlkarosserie, 4türig

AWE

Im Laufe des Jahres 1989 gesellte sich wieder der 1.3 »Tourist« hinzu. Seine Nutzmasse betrug 450 kg. Genau wie bei der Limousine war der Tankvorrat von 44 auf 42 Liter gesunken. Der Kombi kostete stolze 33.775 Mark, nach der Währungsumstellung 1990 waren es 15.590 DM.
1989 wurden 70.000 neue Viertakt-Wartburg hergestellt, 1990 waren es nur noch 63.000, und 1991 lief die Fertigung schließlich aus. Insgesamt entstanden 152.775 Wartburg 1.3. Weil angesichts der westlichen Währung die Binnenmarkt-Nachfrage rapide zurückging, wurden Ende 1990 noch einige Modifikationen angekündigt, die am Niedergang freilich nichts mehr ändern konnten: So sollten im Januar 91 blendfreie Innenspiegel, Colorverglasung ringsum und ein ungeregelter Kat kommen, an einem G-Kat wurde gearbeitet.

Baureihe:	AWE Wartburg
Modell:	1.3 Kombi »Tourist«
Bauzeit:	1989–1991
Motor:	4 Zyl. Reihe (VW)
Ventilsteuerung:	hängend, obenl. Nockenwelle
Hubraum:	1272 ccm
B x H:	75 x 72 mm
Leistung:	43 kW (58 PS) bei 4400/min
Antrieb:	Vorderräder
Gemischaufb.:	1 Fallstromvergaser BVF 34 F oder Weber 34 F 1-2
Getriebe:	4-Gang-Schaltgetriebe
Bremsen:	Scheiben/Trommeln
Höchstgeschw.:	135 km/h
Leergewicht:	950 kg
Reifen:	165/80 R 13, 175/70 R 13
Radstand:	2450 mm
Spur v/h:	1382/1360 mm
L x B x H:	4276 x 1642 x 1495 mm
Anmerkungen:	Stahlkarosserie, 5türig

AWE

Ebenfalls 1989 kam als drittes Wartburg 1.3-Modell der Pickup Trans ins Typenprogramm. Als viertes Modell war wiederum eine Notarzt-Version vorgesehen.
Der nur in sehr geringer Stückzahl gefertigte Trans war für 550 kg Nutzmasse ausgelegt und kostete 16.160 DM. Genau wie bei den anderen Wartburg-Typen kam es Ende 1990 zu Preissenkungen um über 30 Prozent. Doch dies änderte nichts mehr – die DDR-Bürger wandten sich westlichen Fahrzeugen zu.

Baureihe:	AWE Wartburg
Modell:	1.3 Pick-up Trans
Bauzeit:	1989–1991
Motor:	4 Zyl. Reihe (VW)
Ventilsteuerung:	hängend, obenl. Nockenwelle
Hubraum:	1272 ccm
B x H:	75 x 72 mm
Leistung:	43 kW (58 PS) bei 4400/min
Antrieb:	Vorderräder
Gemischaufb.:	1 Fallstromvergaser BVF 34 F oder Weber 34 F 1-2
Getriebe:	4-Gang-Schaltgetriebe
Bremsen:	Scheiben/Trommeln
Höchstgeschw.:	130 km/h
Leergewicht:	840 kg
Reifen:	165/80 R 13, 175/70 R 13
Radstand:	2450 mm
Spur v/h:	1382/1360 mm
L x B x H:	4224 x 1642 x 1485 mm
Anmerkungen:	Stahlkarosserie, 2türig

AWE

Als Verkaufshilfe gedacht war die zur Leipziger Herbstmesse 1990 gezeigte, in Zusammenarbeit mit dem sächsisch-schwäbischen Tuner Günther Irmscher entstandene Facelift-Version des Wartburg 1.3.
Das Fahrwerk wurde um 25 mm tiefer gelegt; 14 Zoll-Leichtmetallfelgen mit Niederquerschnittsreifen sorgten für einen sportlichen Auftritt. Spoiler-Stoßfänger und Heckschürze mit integrierten Stoßfängern wurden in Anthrazit lackiert, die Seitenflächen waren in gleicher Farbe beklebt. Weitere Goodies: ein dreiteiliger Heckspoiler, Recaro-Sportsitze und ein vierspeichiges Sportlenkrad.
Ausgeliefert wurde die New Look-Version nicht mehr, noch heute liegen bei Irmscher im schwäbischen Remshalden einige Dutzend nie ausgelieferter Karosserie-Umbausätze.

Baureihe:	AWE Wartburg
Modell:	1.3 Limousine New Line
Bauzeit:	1990–1991
Motor:	4 Zyl. Reihe (VW)
Ventilsteuerung:	hängend, obenl. Nockenwelle
Hubraum:	1272 ccm
B x H:	75 x 72 mm
Leistung:	43 kW (58 PS) bei 4400/min
Antrieb:	Vorderräder
Gemischaufb.:	1 Fallstromvergaser BVF 34 F oder Weber 34 F 1-2
Getriebe:	4-Gang-Schaltgetriebe
Bremsen:	Scheiben/Trommeln
Höchstgeschw.:	140 km/h
Leergewicht:	900 kg
Reifen:	185/60 HR 14
Radstand:	2450 mm
Spur v/h:	1382/1360 mm
L x B x H:	4250 x 1642 x 1495 mm
Anmerkungen:	Stahlkarosserie, 4türig

Melkus

Heinz Melkus, der in Dresden residierende »DDR-Meister des Sports«, baute zahlreiche Junior-Monoposti, bevor er 1969 den zweisitzigen Rennsportwagen RS 1000 auf die Räder stellte. Melkus nutzte größtenteils Wartburg-Technik für seinen RS 1000. Die hinten komplett hochschwenkbare Kunststoff-Karosserie (cW-Wert 0,29) lieferte Lkw-Hersteller Robur in Zittau zu.
Ursprünglich sollte das Auto ausschließlich für den Sporteinsatz dienen – mit dem in einer Mangelgesellschaft großen Vorteil, auf eigener Achse zu den Rennen fahren und damit kein Zugfahrzeug zu beanspruchen. Doch die überwiegende Anzahl der insgesamt 104 Exemplare wurden ausschließlich im Straßenverkehr eingesetzt. Preis des RS 1000: 28.600 Mark.

Baureihe:	Melkus
Modell:	RS 1000 Sportcoupé
Bauzeit:	1969–1979
Motor:	3 Zyl. Reihe (Mittelmotor)
Ventilsteuerung:	keine (Zweitakter)
Hubraum:	992 ccm
B x H:	73,5 x 78 mm
Leistung:	52 kW (70 PS) bei 4500/min
Antrieb:	Hinterräder
Gemischaufb.:	3 Zentralschwimmer-Vergaser BVF 28 N1/3
Getriebe:	5-Gang-Schaltgetriebe
Bremsen:	vorn/hinten Trommeln, optional vorn Scheiben (Fiat 125p)
Höchstgeschw.:	165 km/h
Leergewicht:	690 kg
Reifen:	4.50-13 bis 175 SR 13
Radstand:	2450 mm
Spur v/h:	1340/1380 mm
L x B x H:	4000 x 1700 x 1070 mm
Anmerkungen:	Kunststoffkarosserie, Kastenrahmen

Melkus

Rundstrecken- und Bergrennen waren die besondere Domäne des RS 1000, der nach FIA-Reglement in der Gruppe 4 homologiert wurde. Zur Leistungssteigerung erhielt das Coupé im einfachsten Falle größere Rennvergaser und Rennauspuff. Viele Kunden ließen sich die Motoren aufbohren. Ziel der Mühe war vor allem mehr Drehmoment.
Einige wenige Fahrzeuge wurden mit Viertaktmotoren versehen – überliefert sind Lada- und Moskwitsch-Derivate (beides mindestens 1,5 Liter große Vierzylinder aus sowjetischen Pkw). Sogar ein auf verschlungenen Wegen in die DDR gelangtes 2,0-Liter-BMW-Triebwerk wurde installiert.

Baureihe:	Melkus
Modell:	RS 1000 Sportcoupé (Rennausführung)
Bauzeit:	1972–1980
Motor:	3 Zyl. Reihe (Mittelmotor)
Ventilsteuerung:	keine (Zweitakter)
Hubraum:	992 ccm, 1119 ccm, 1250 ccm
Leistung:	66 kW (90 PS) bis 73 kW (100 PS)
Antrieb:	Hinterräder
Gemischaufb.:	3 Rennvergaser
Getriebe:	5-Gang-Schaltgetriebe
Bremsen:	vorn Scheiben (Fiat 125p)/ hintenTrommeln
Höchstgeschw.:	170 - 200 km/h
Leergewicht:	700 kg
Reifen:	175 SR 13
Radstand:	2450 mm
Spur v/h:	1340/1380 mm
L x B x H:	4000 x 1700 x 1070 mm
Anmerkungen:	Kunststoffkarosserie, Kastenrahmen

Melkus RS 1000 Nachbau

Auch 15 Jahre nach dem Mauerfall blieb der RS 1000 ein Traummobil für alle, die sich seinerzeit keinen leisten konnten oder noch zu jung dafür waren. Peter Melkus, Sohn des 2005 verstorbenen Heinz Melkus, entschloss sich nun zu einer Nachauflage des Klassikers – genau so, wie das Auto einst gebaut wurde. Es blieb beim Wartburg-Kastenrahmen und -Motor, damit war die behördliche Zulassung als »rekonstruierter Neuaufbau eines Melkus RS 1000 auf Basis eines existierenden Wartburg 353« gesichert. Als Hersteller ist AWE vermerkt, nur der Umbau zum RS 1000 wird zusätzlich eingetragen. Eine Neuschöpfung sind die Türen, die jetzt aus Kunststoff und nicht mehr – wie beim Original – aus Metall bestehen. Optimiert wurde auch das manuelle Fünfganggetriebe.

Baureihe:	Melkus
Modell:	RS 1000 Sportcoupé
Bauzeit:	2007–2008
Motor:	3 Zyl. Reihe (Mittelmotor)
Hubraum:	992 ccm
B x H:	73,5 x 78 mm
Leistung:	52 kW (70 PS) bei 4500/min
Antrieb:	Hinterräder
Gemischaufb.:	3 Vergaser
Getriebe:	5-Gang-Schaltgetriebe
Bremsen:	vorn/hinten Trommeln
Höchstgeschw.:	165 km/h
Leergewicht:	680 kg
Reifen:	185 SR 13
Radstand:	2450 mm
Spur v/h:	1340/1380 mm
L x B x H:	4000 x 1700 x 1070 mm
Anmerkungen:	behördlich als Karosserieneuaufbau auf Wartburg-Kastenrahmen eingestuft

Bis Ende 2007 waren die ersten zehn Exemplare ausgeliefert, zu Preisen um 50.000 Euro. Unter den Neubesitzern war auch eine erstaunliche Anzahl von Alt-Bundesbürgern. Bis Ende 2008 werden weitere fünf Exemplare entstehen, dann endet die auf engstem Raum im Dresdner Osten realisierte RS 1000-Handfertigung definitiv.

Melkus RS 2000

Baureihe:	Melkus
Modell:	RS 2000 Sportcoupé
Bauzeit:	ab 2009
Motor:	4 Zyl. Reihe (Mittelmotor)
Hubraum:	rund 2000 ccm
Leistung:	rund 110 kW (150 PS)
Antrieb:	Hinterräder
Gemischaufb.:	Einspritzung
Getriebe:	5-Gang-Schaltgetriebe
Bremsen:	Scheiben
Höchstgeschw.:	200 km/h
Leergewicht:	1000 kg
Reifen:	205/55 R 16
Radstand:	rund 2500 mm
L x B x H:	rund 4100 x 1800 x 1200 mm
Anmerkungen:	bisher nur Modell 1:4

Weil die Nachfrage nach dem einstigen DDR-Kultauto weiter anhält, wagt sich die Sportwagenmanufaktur aus Dresden an ein neues Modell. Es soll möglichst schlank produziert werden, also bestehende und bewährte Technik etwa aus den Häusern VW, Opel und Lotus nutzen. Nur so können die Kosten gering gehalten werden. Sicher ist, dass der RS 2000 wiederum ein möglichst leichtes, zweisitziges Mittelmotor-Sportcoupé mit Flügeltüren werden soll, das ab etwa 60.000 Euro kosten wird. In der Überlegung ist zudem eine Sportvariante mit aufgeladenem Vierzylinder. Außerdem wird über eine Roadster-Version nachgedacht.

Um das Gewicht gering zu halten, wird man sich eines Gitterrohrrahmens und einer Karosserie aus glasfaserverstärktem Kunststoff und Karbon bedienen. Anfang 2007 lagen erst einige Designskizzen vor, im Oktober konnte bereits ein zusammen mit dem Dresdner Designer Sebastian Wolfram (Bildmitte) geformtes Modell präsentiert werden. Ende 2008 soll ein fahrfertiger Prototyp auf den Rädern stehen, ab 2009 wollen Peter und Sepp Melkus in einer neuen Fertigungshalle südlich von Dresden produzieren. 25 bis 50 Exemplare jährlich sind angedacht.